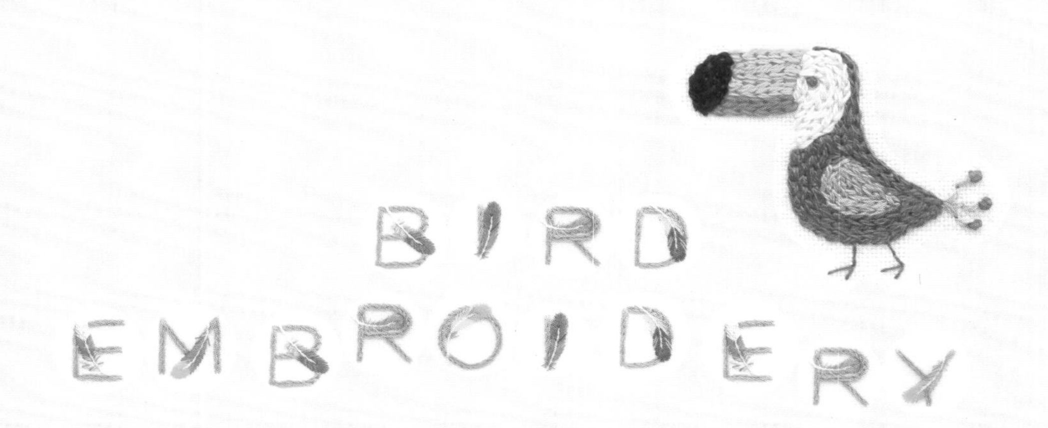

BIRD
EMBROIDERY

BIRD EMBROIDERY

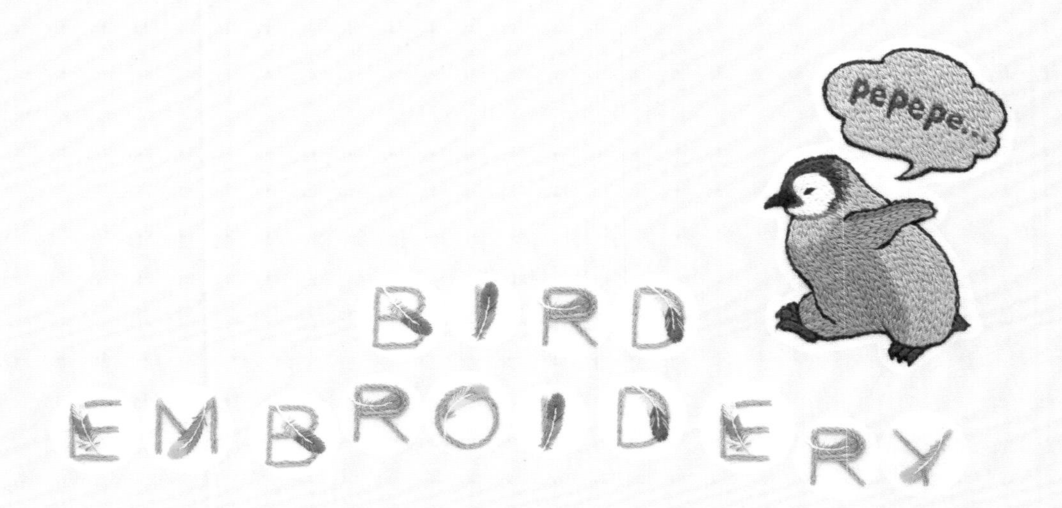

BIRD EMBROIDERY

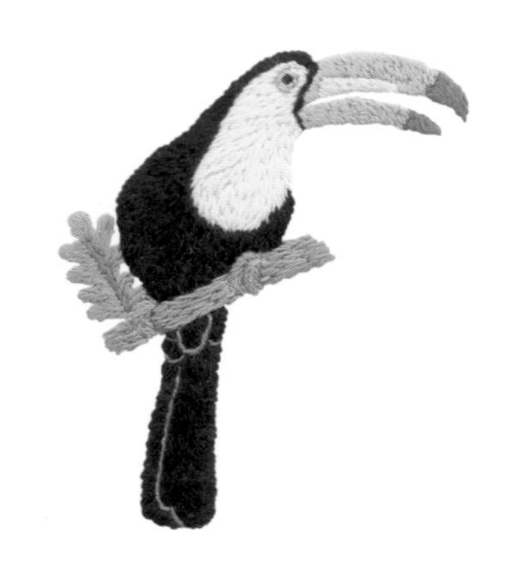

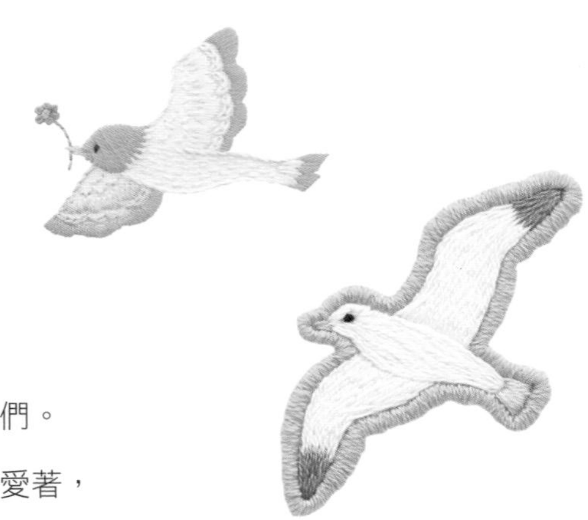

色彩鮮豔、姿態美麗的鳥兒們。

總是被當作寵物、家族成員疼愛著，

本書以鳥兒作為主題，

介紹 350 種刺繡圖案。

從極受歡迎的鸚鵡，

文鳥、麻雀、燕子、大嘴鳥、火鶴等，

書中收錄了各式各樣個性的鳥兒們。

將喜歡的圖樣

妝點在服飾或者束口袋上，

請盡情享受療癒心靈的手作時光吧！

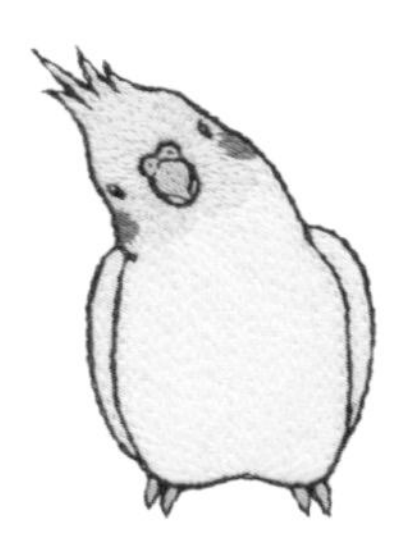

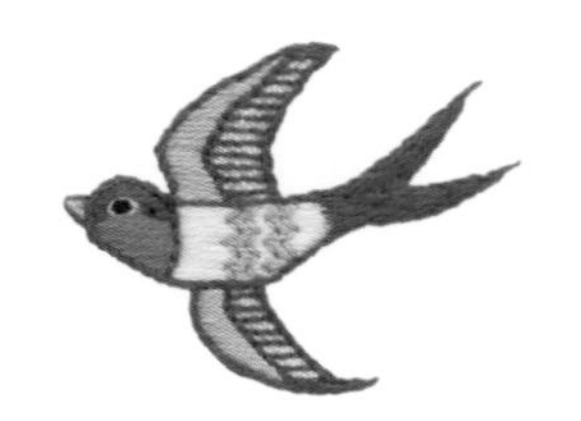

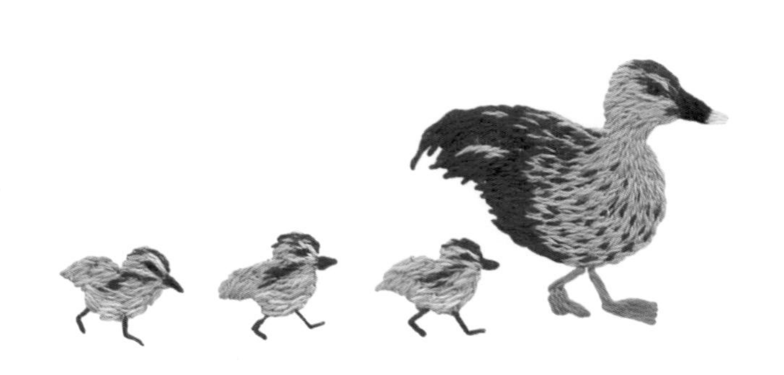

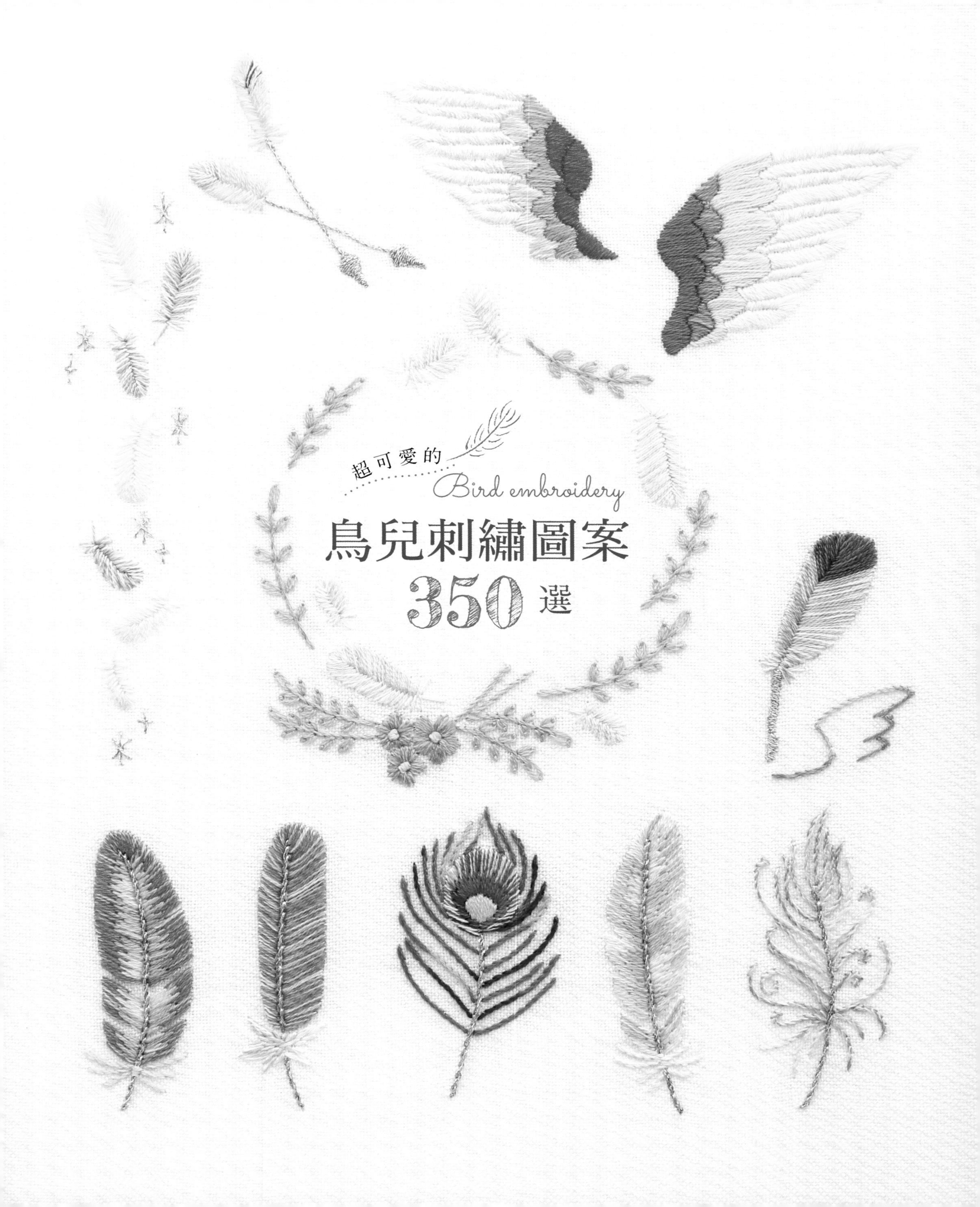

超可愛的
Bird embroidery

鳥兒刺繡圖案
350 選

Contents

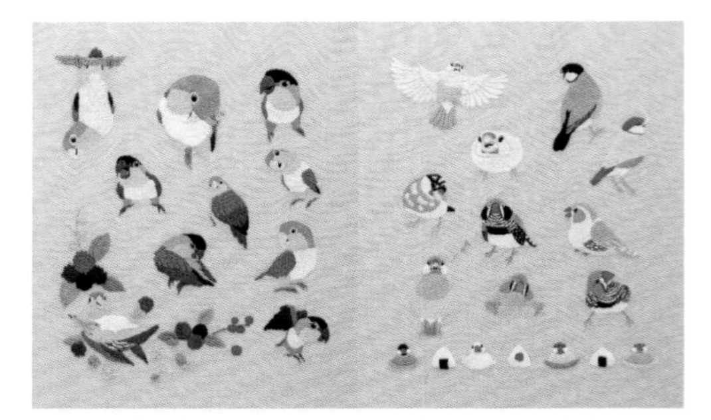
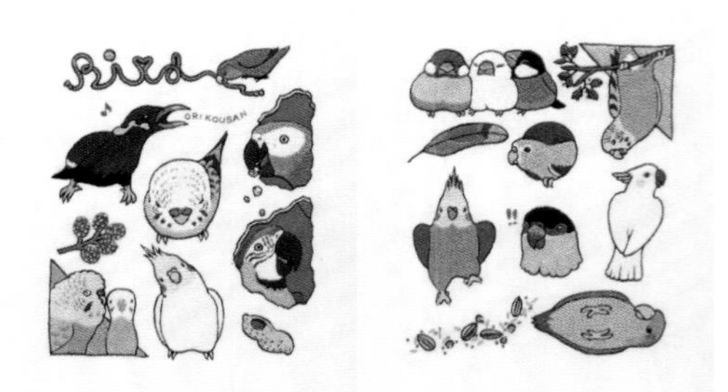
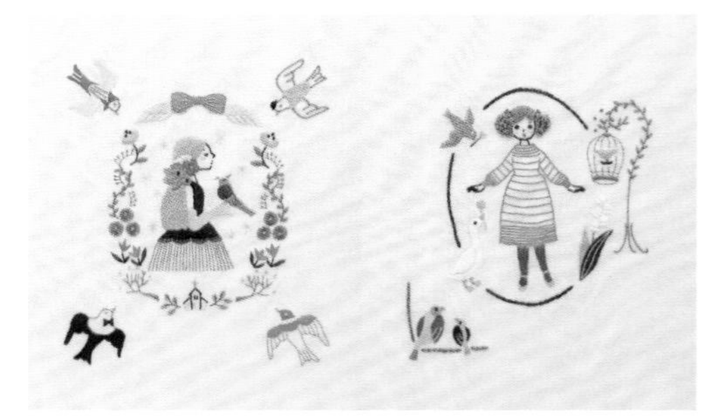
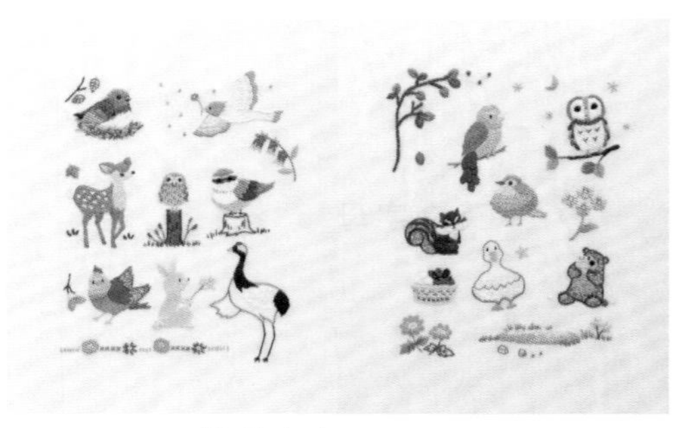
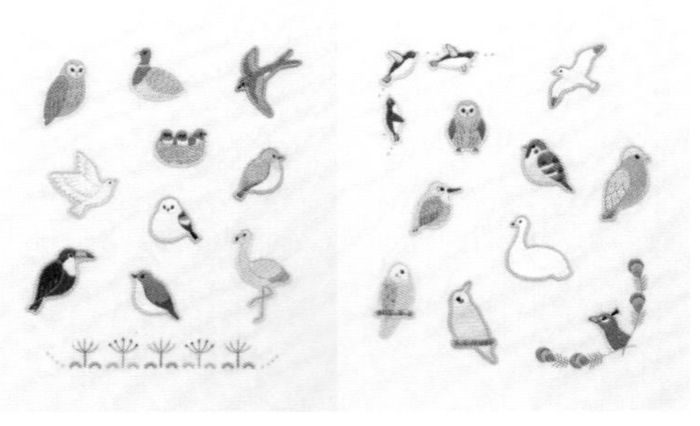
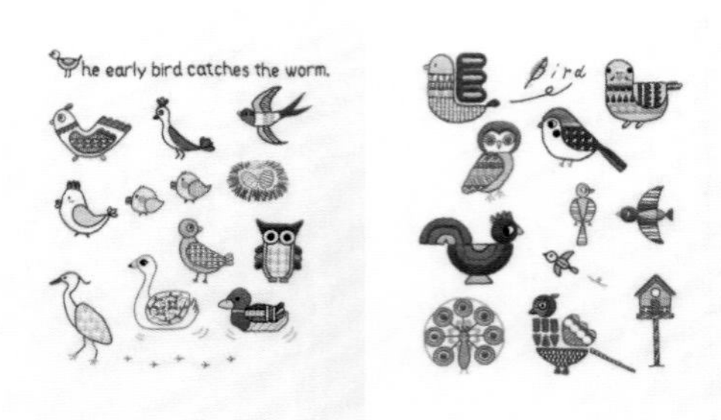
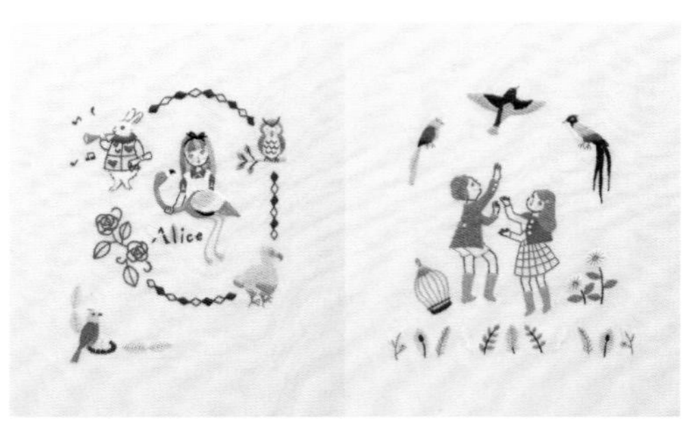
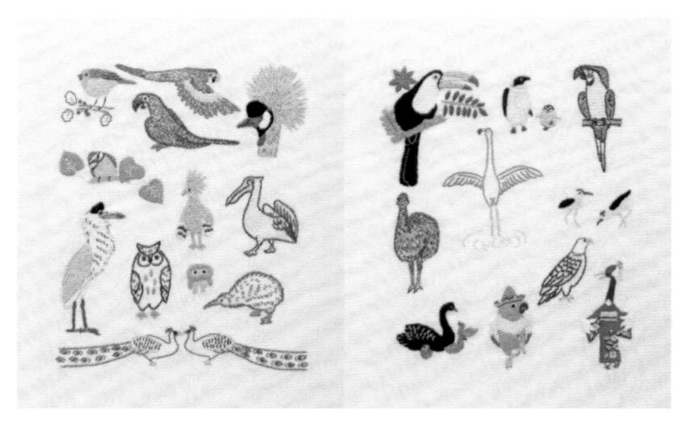

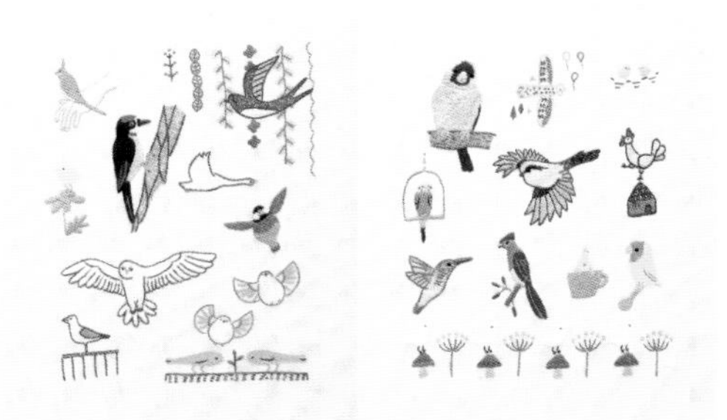

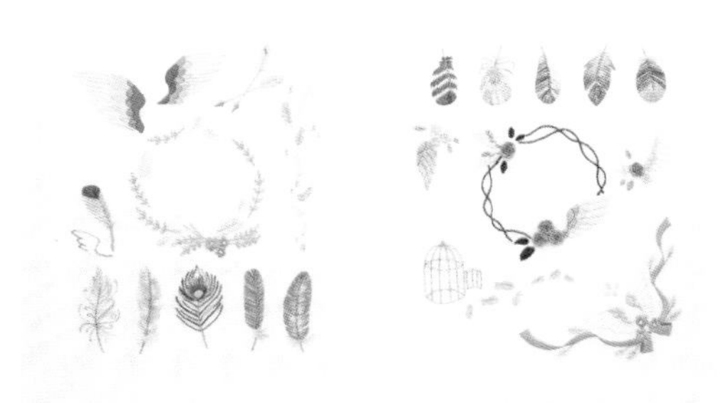

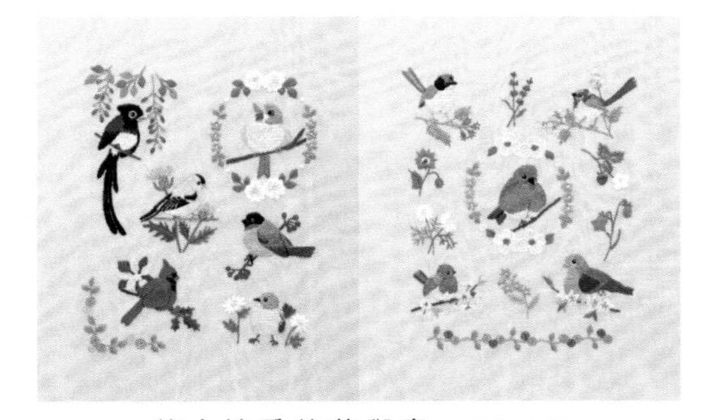

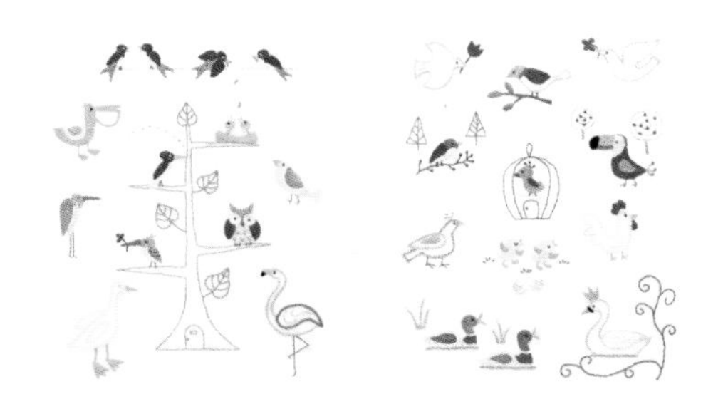

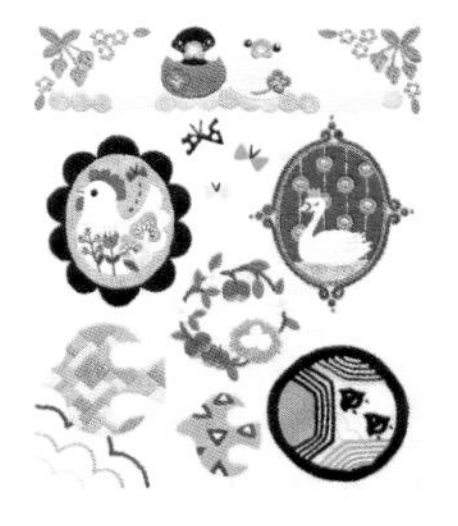

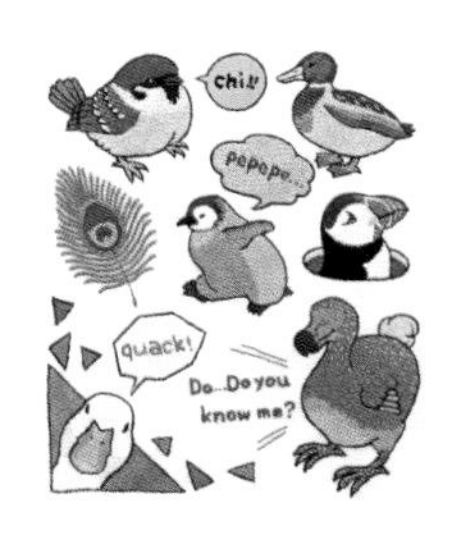
chi!
pepepe
quack!
Do Do you know me?

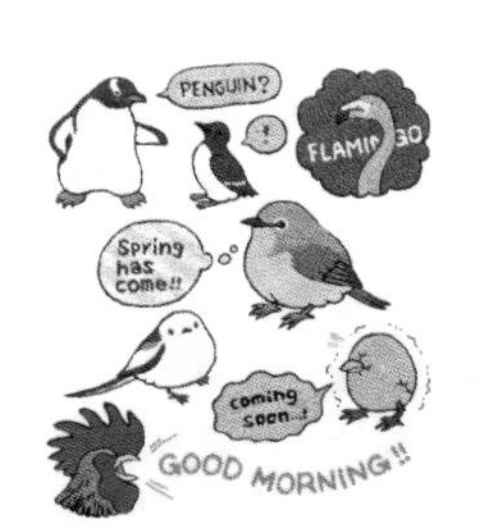
PENGUIN?
!
Spring has come!!
coming soon
GOOD MORNING!!

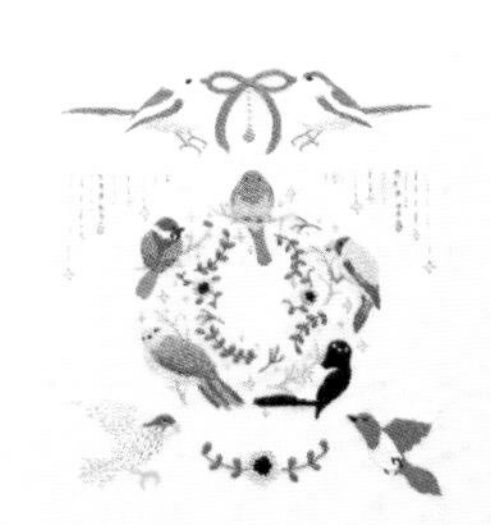

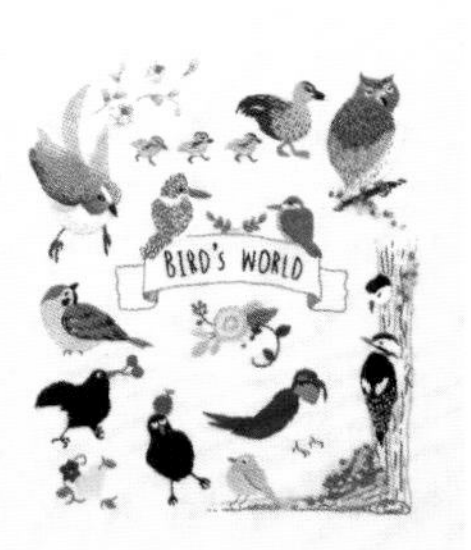
BIRD'S WORLD

Idea for embroidery

享 受 刺 繡 的
樂 趣

試著將這本書裡介紹的圖案，

妝點在各式各樣的物品上頭。

將圖案繡在包包或束口袋，

或作成別針，

以喜愛的改造方法，

享受刺繡的樂趣吧！

快要出生的蛋蛋！
為每天的下廚時間增加一點玩心。
Photo：p.31（No.233）

為襯衫的領圍加上美麗的重點。
Photo：p.28（No.203）

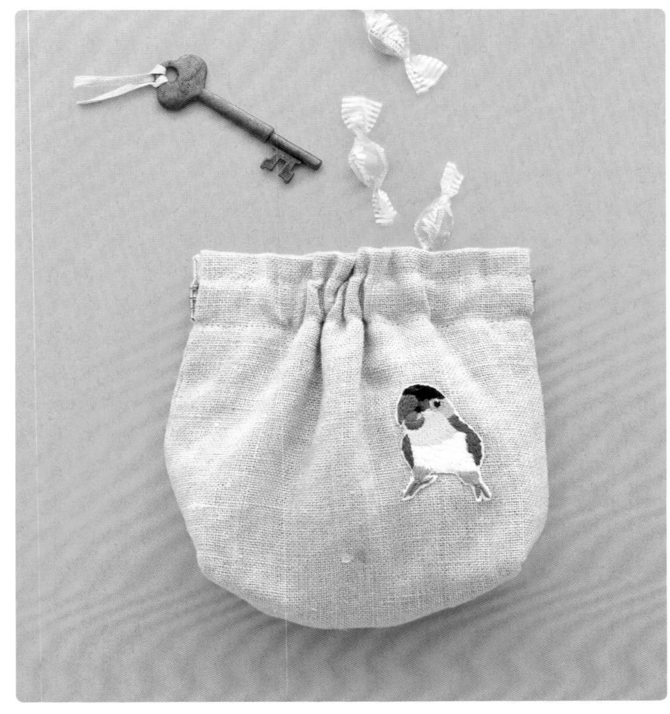

活力十足的鸚鵡站在束口袋上，
看著便覺心情輕鬆愉快。
Photo：p.8（No.4）

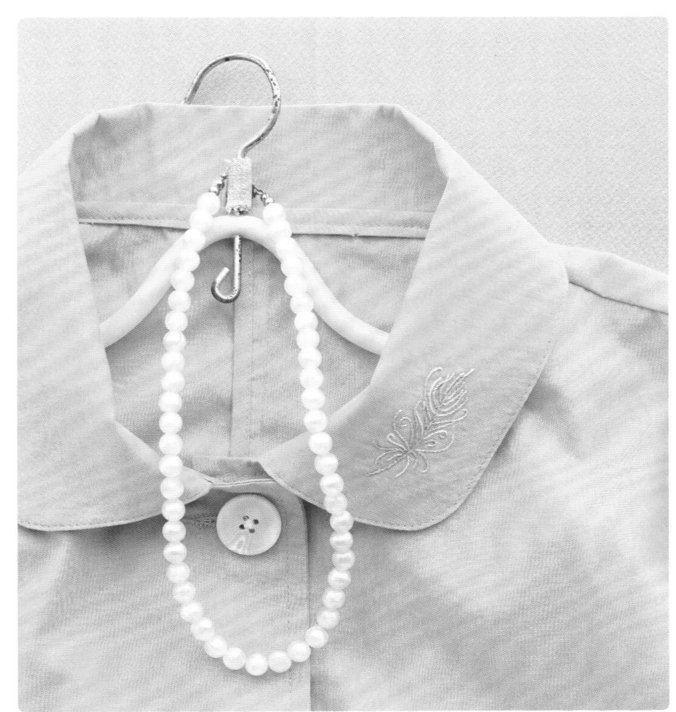

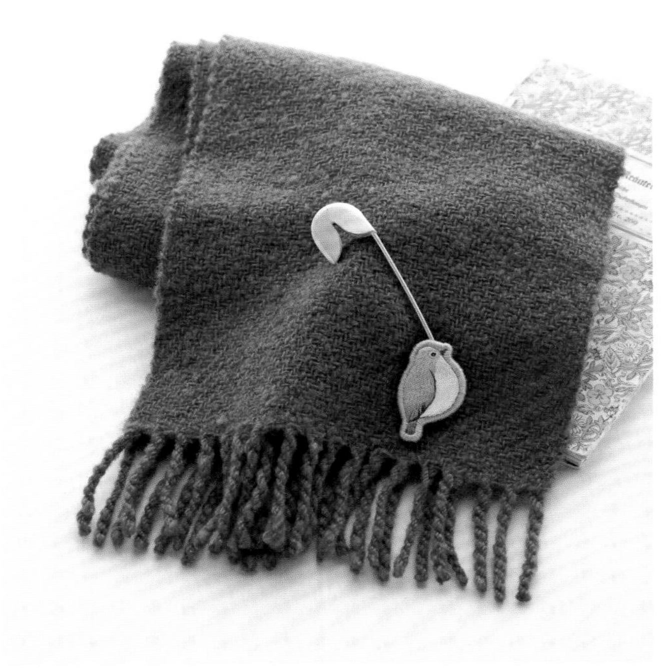

為小嬰兒的圍兜兜添加了可愛的圖樣。
Photo：p.15（No.74）

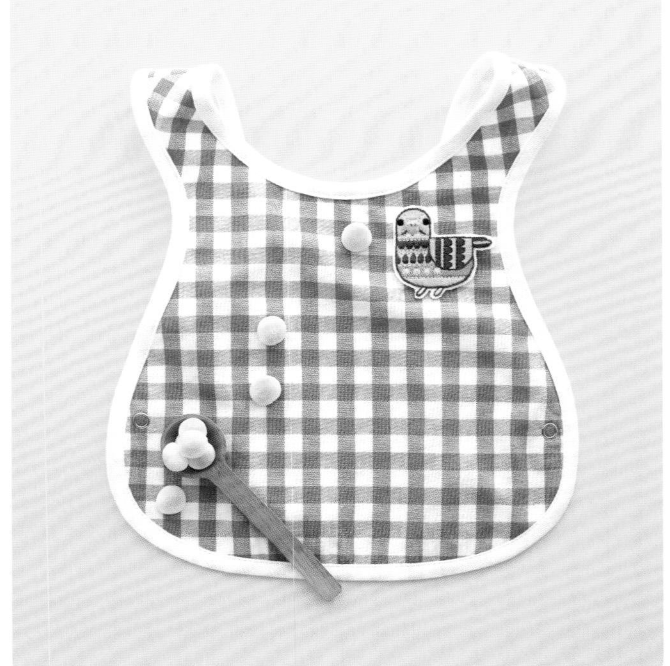

加了邊框、立體感十足的綠繡眼，製成別針。
Photo：p.10（No.28）

將活力十足的雞與小雞親子繡在拖鞋上。
作成宛如刺繡貼布般的造型，非常時髦。
Photo：p.25（No.167 & No.170）

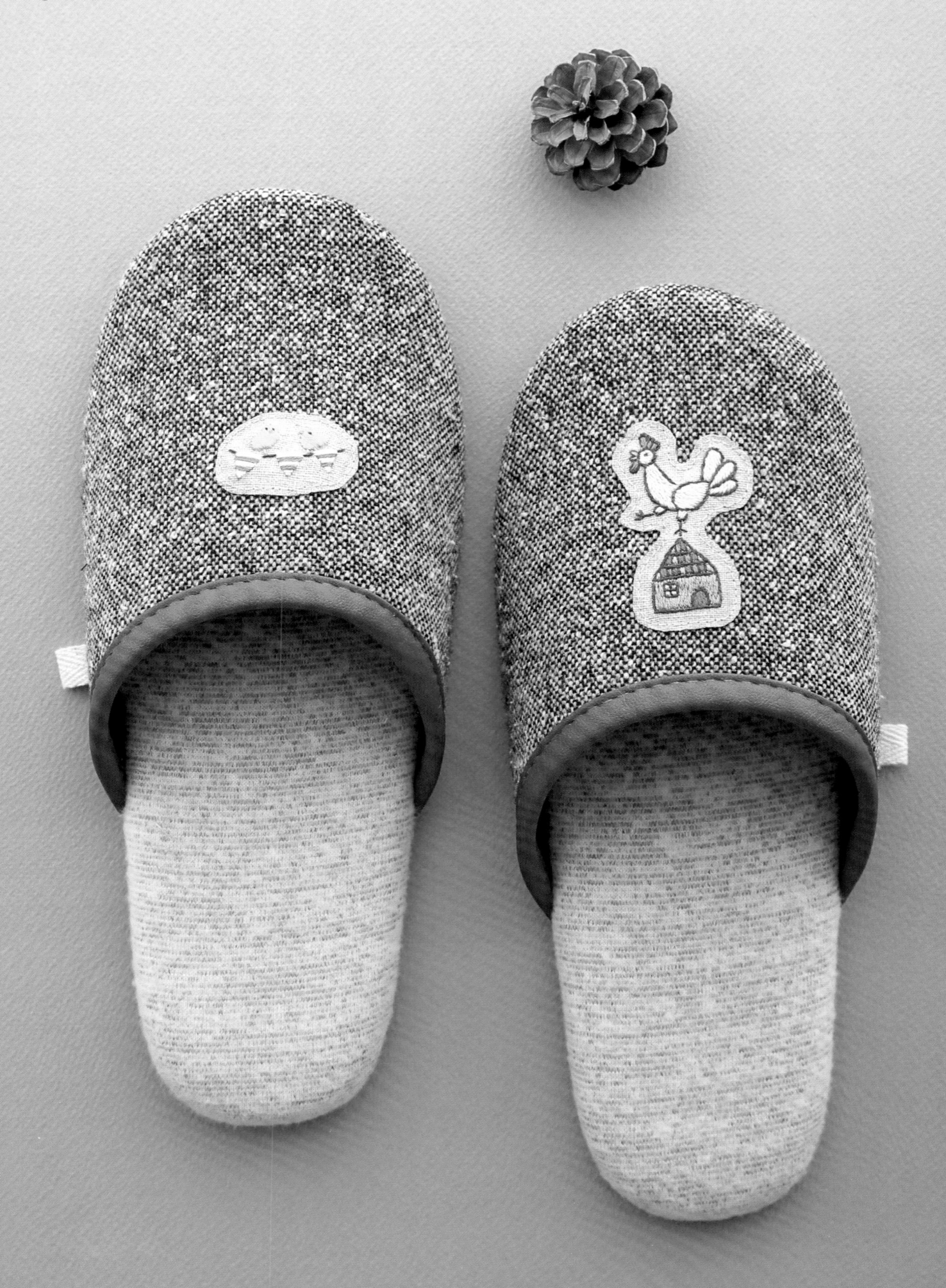

將平常使用的手帕，繡上喜愛的小鳥兒。
Photo：p.37（No.291）

將惹人憐愛而美麗的鳥兒們，奢侈地裝進畫框中。
Photo：p.33

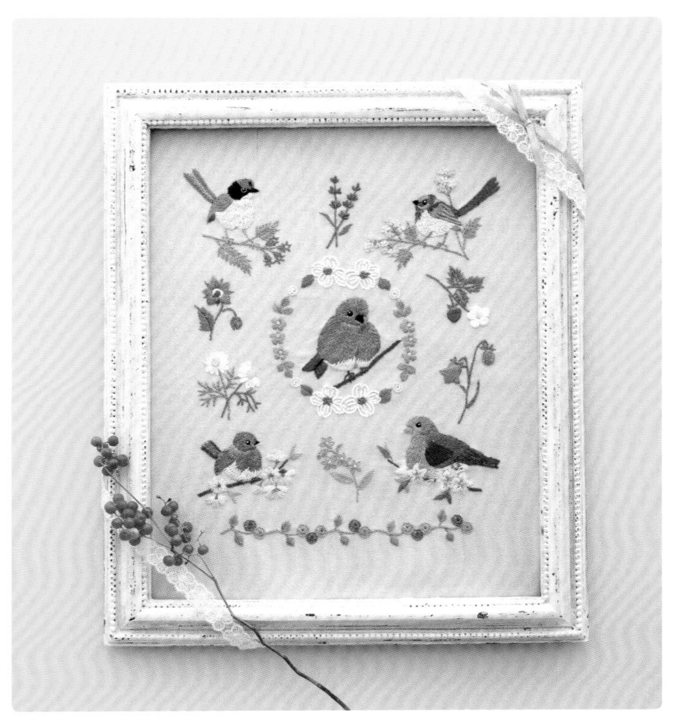

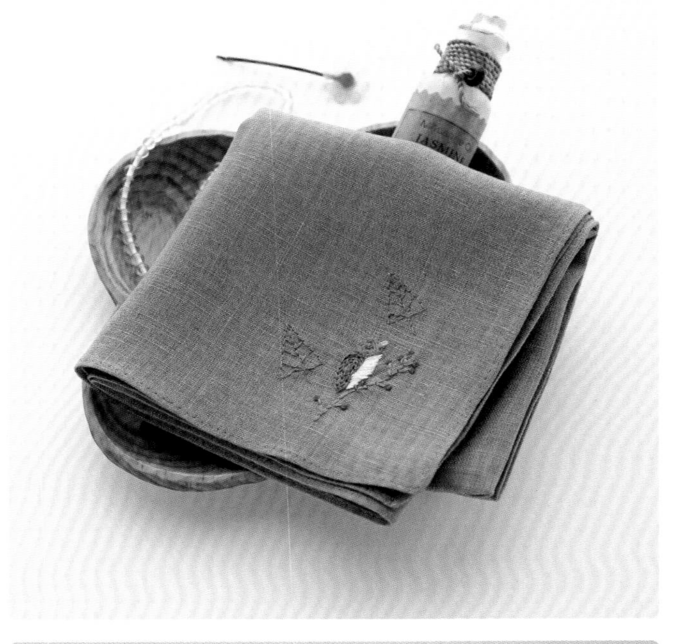

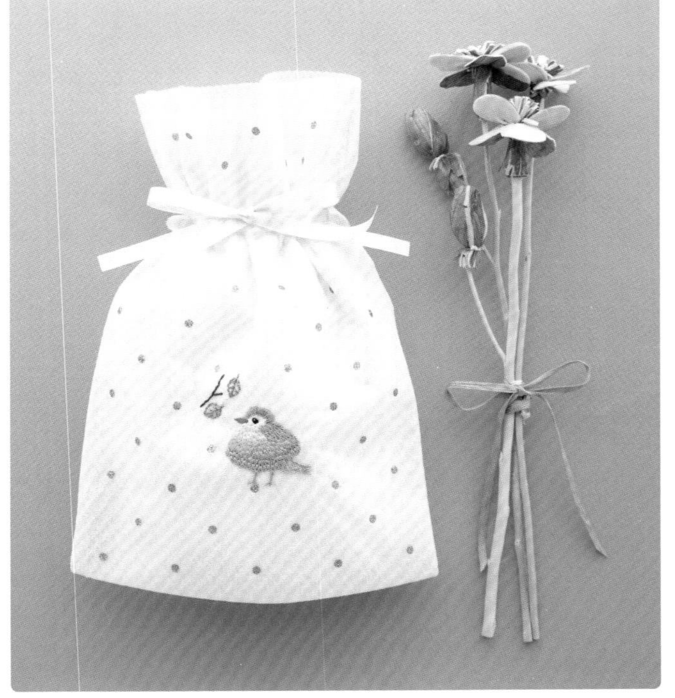

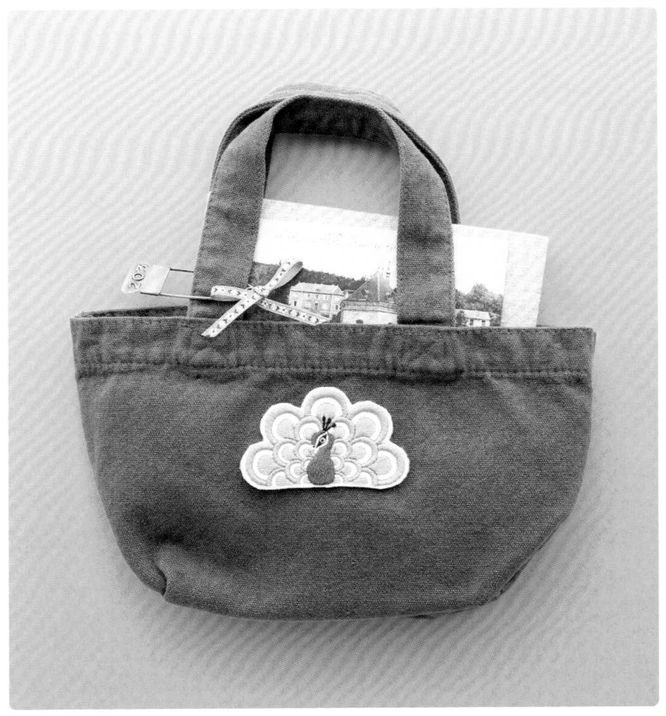

給重要之人的贈禮，好好的用心包裝。
Photo：p.21（No.124）

在簡易的日常包上，大膽的放上引人注目的孔雀。
Photo：p.27（No.190）

Design&stitch：春茴蒿（komuringo）
How to stitch：p.48

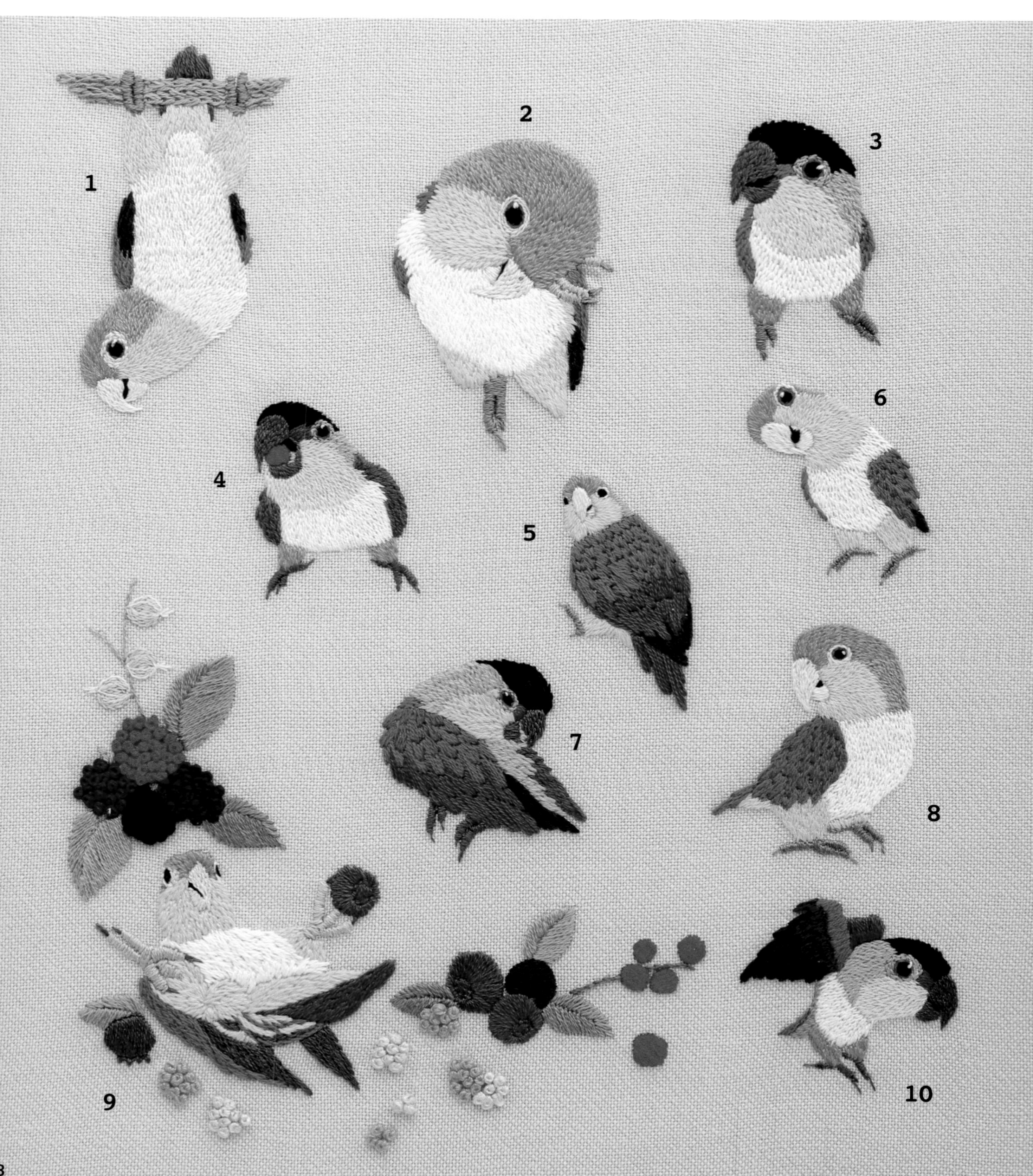

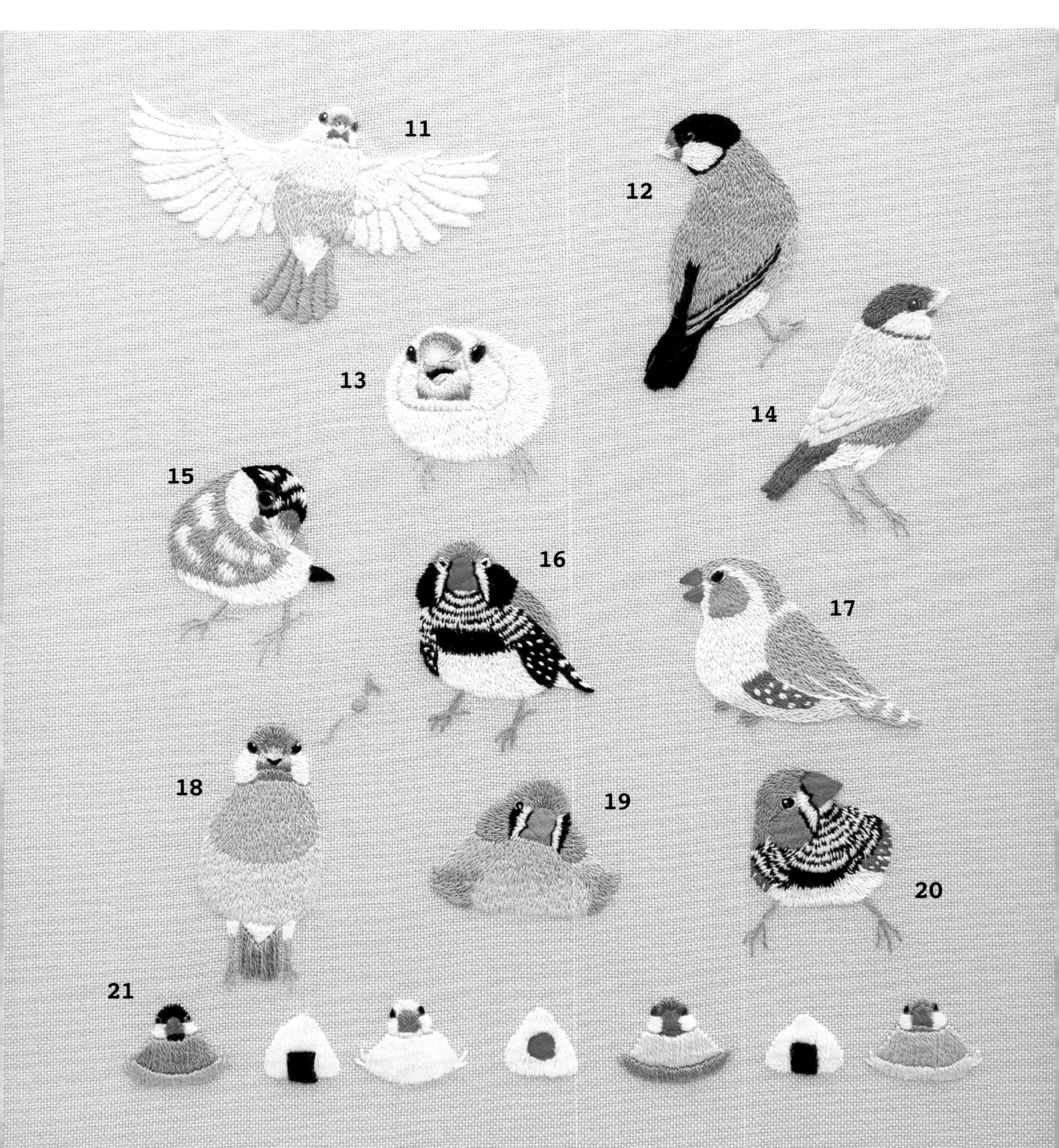

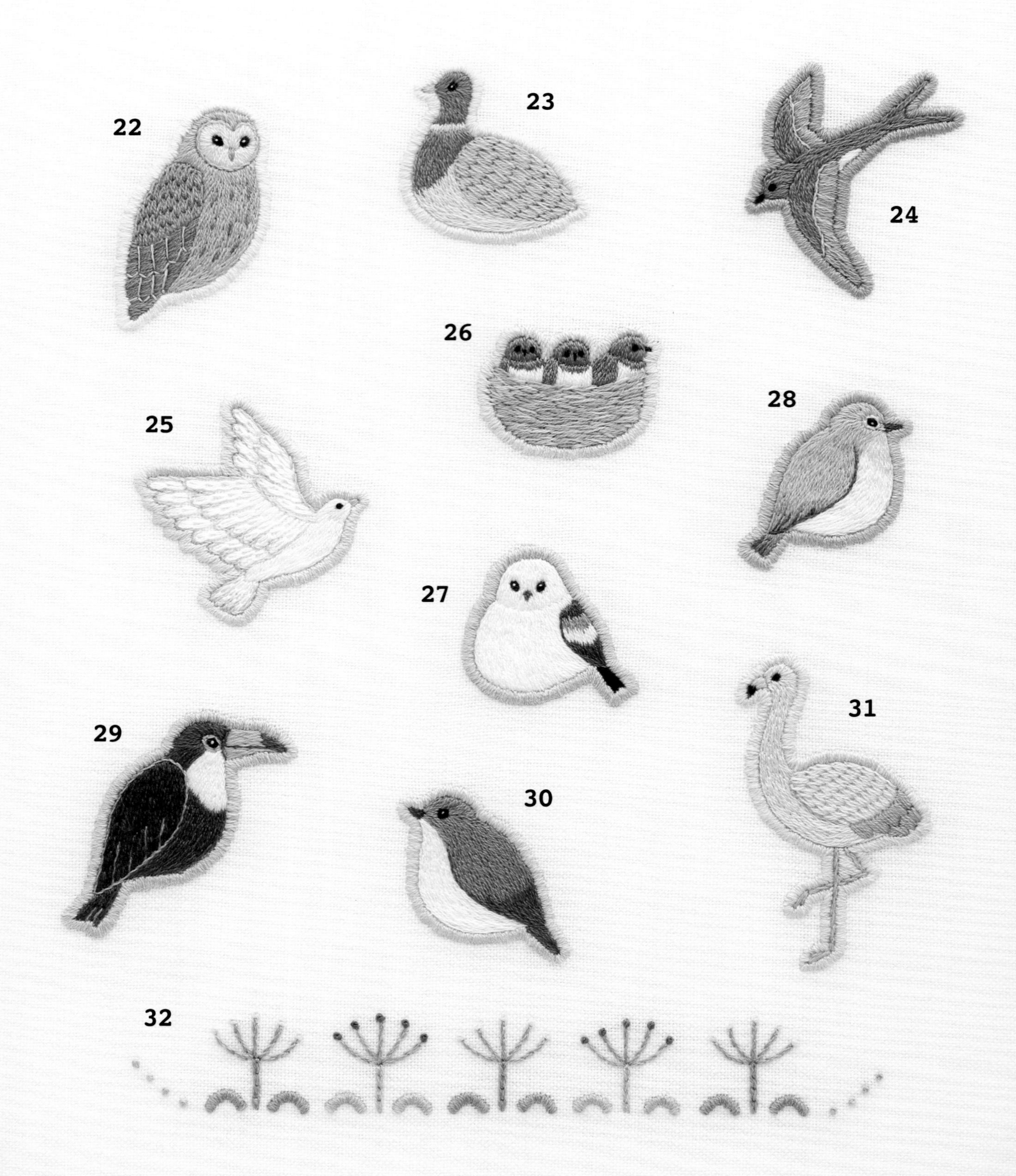

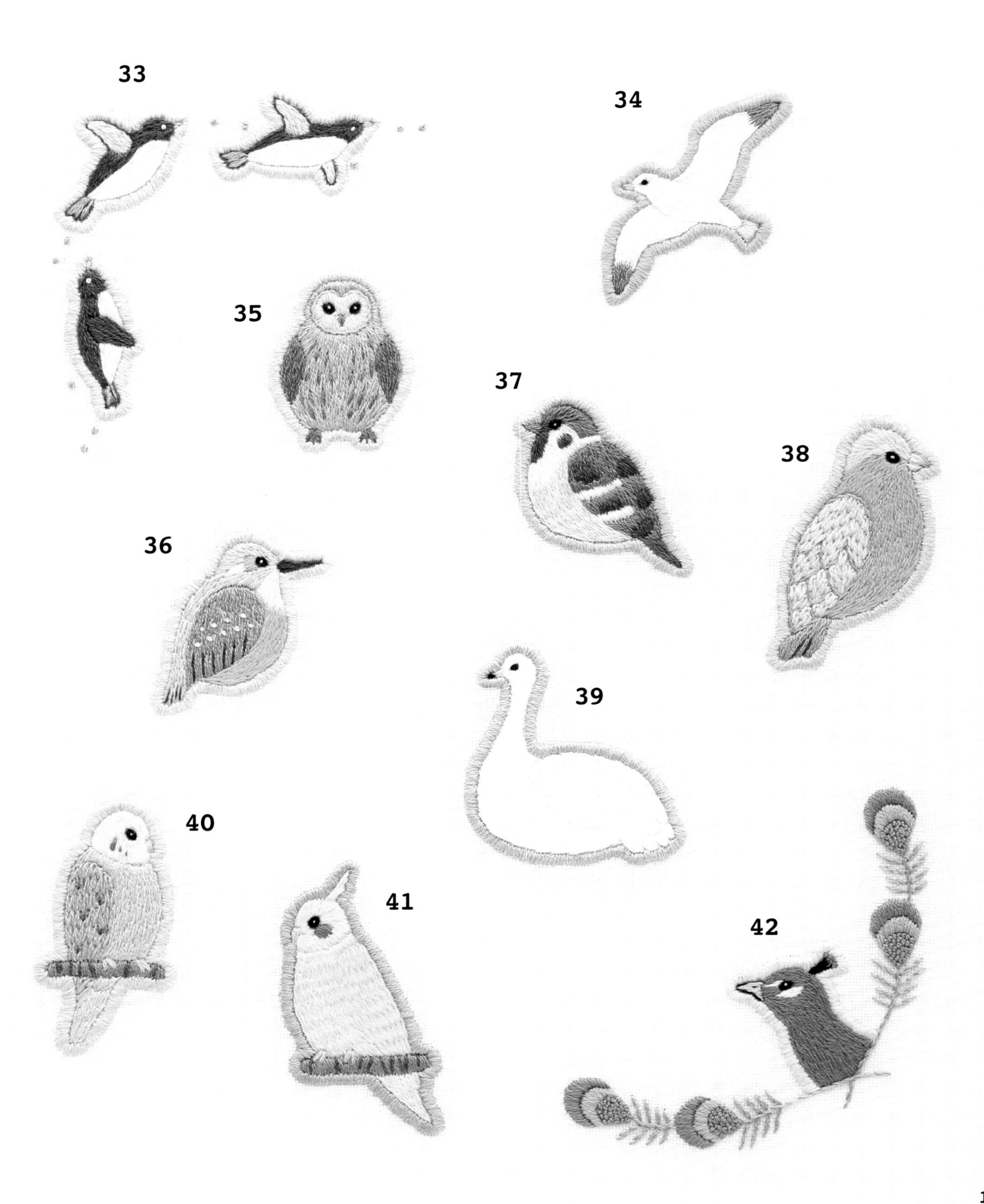

33

34

35

37

38

36

39

40

41

42

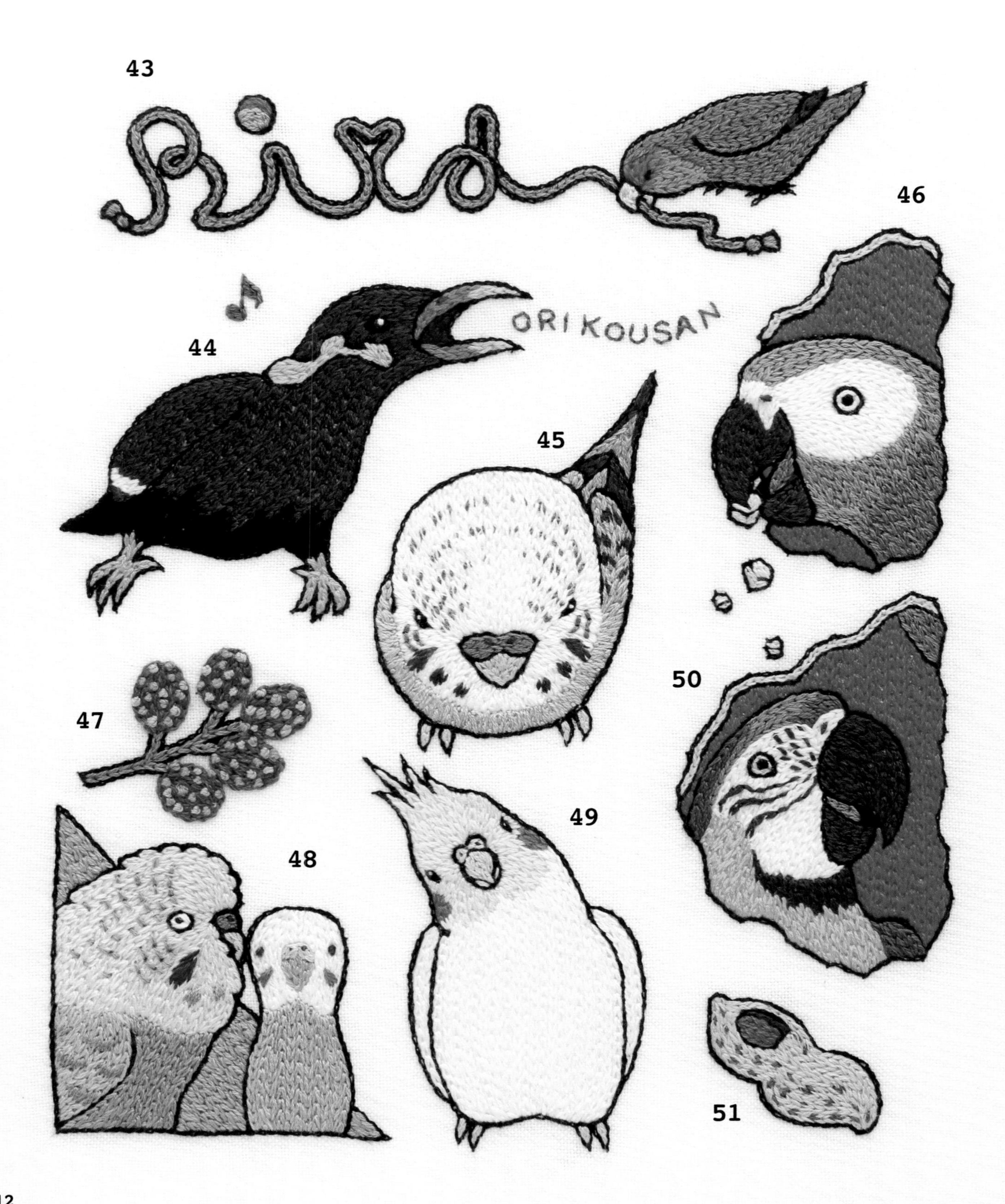

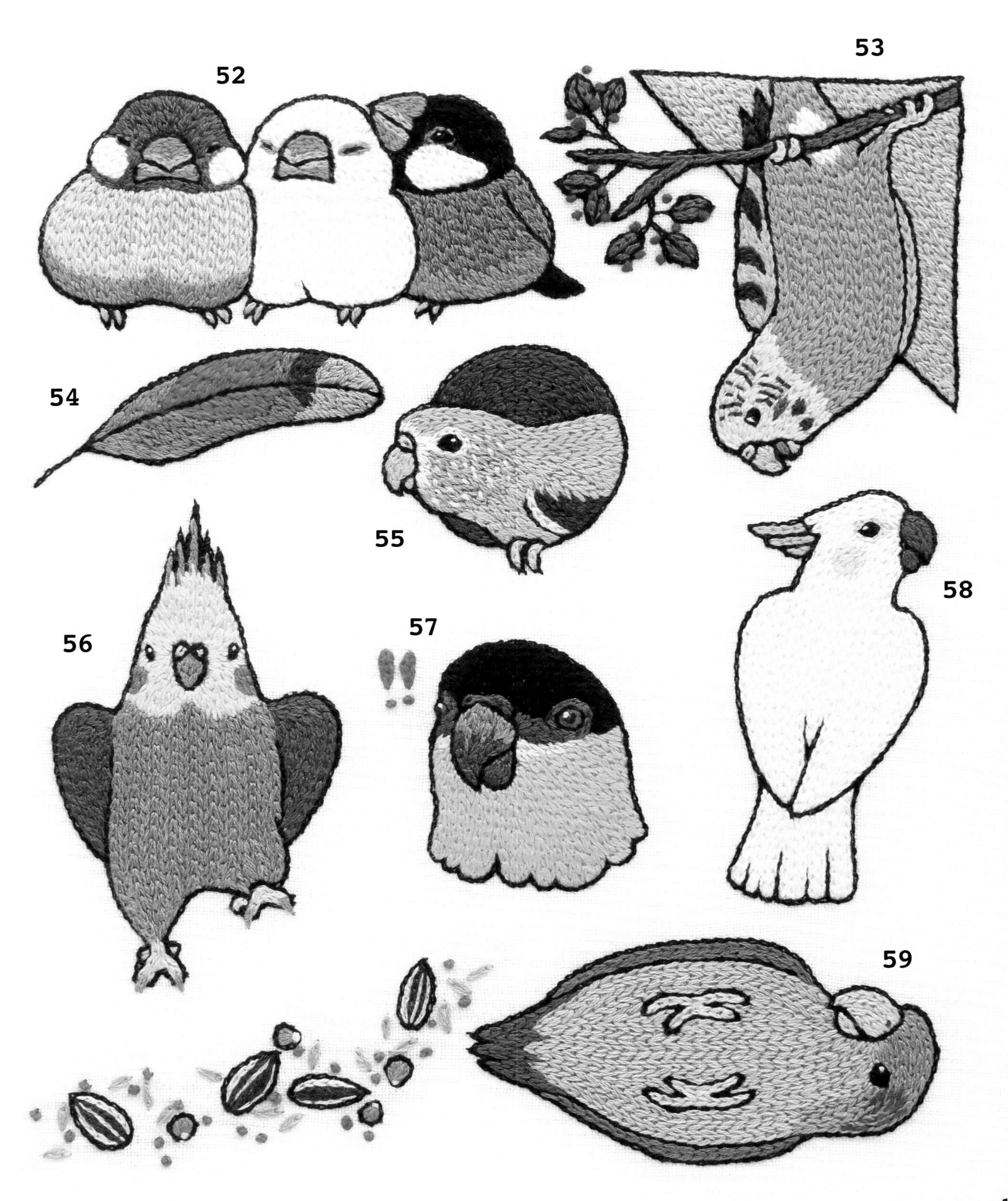

52

53

54

55

56

57

58

59

北 歐 風 格 的 鳥 兒

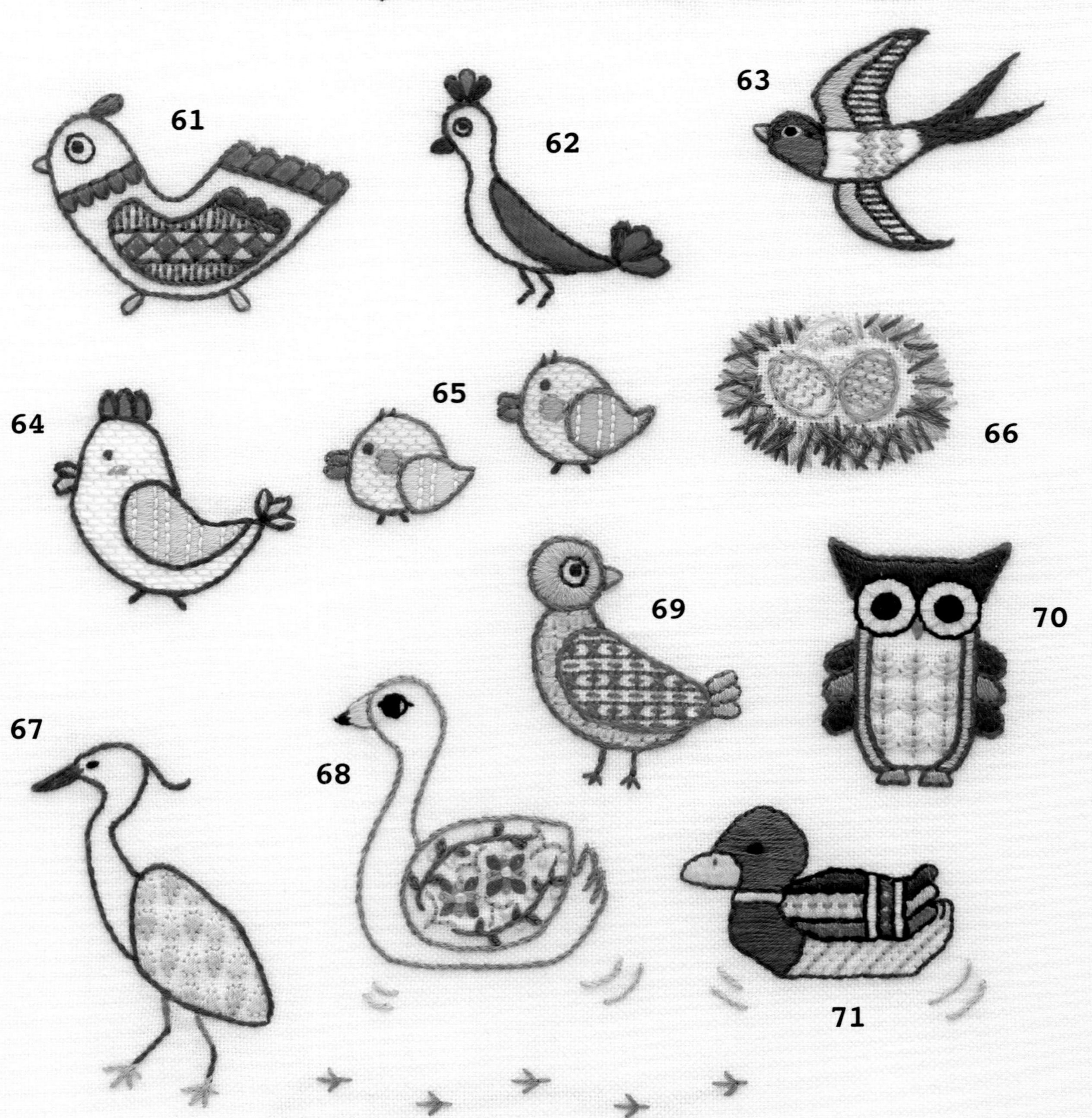

60

he early bird catches the worm.

61

62

63

64

65

66

67

68

69

70

71

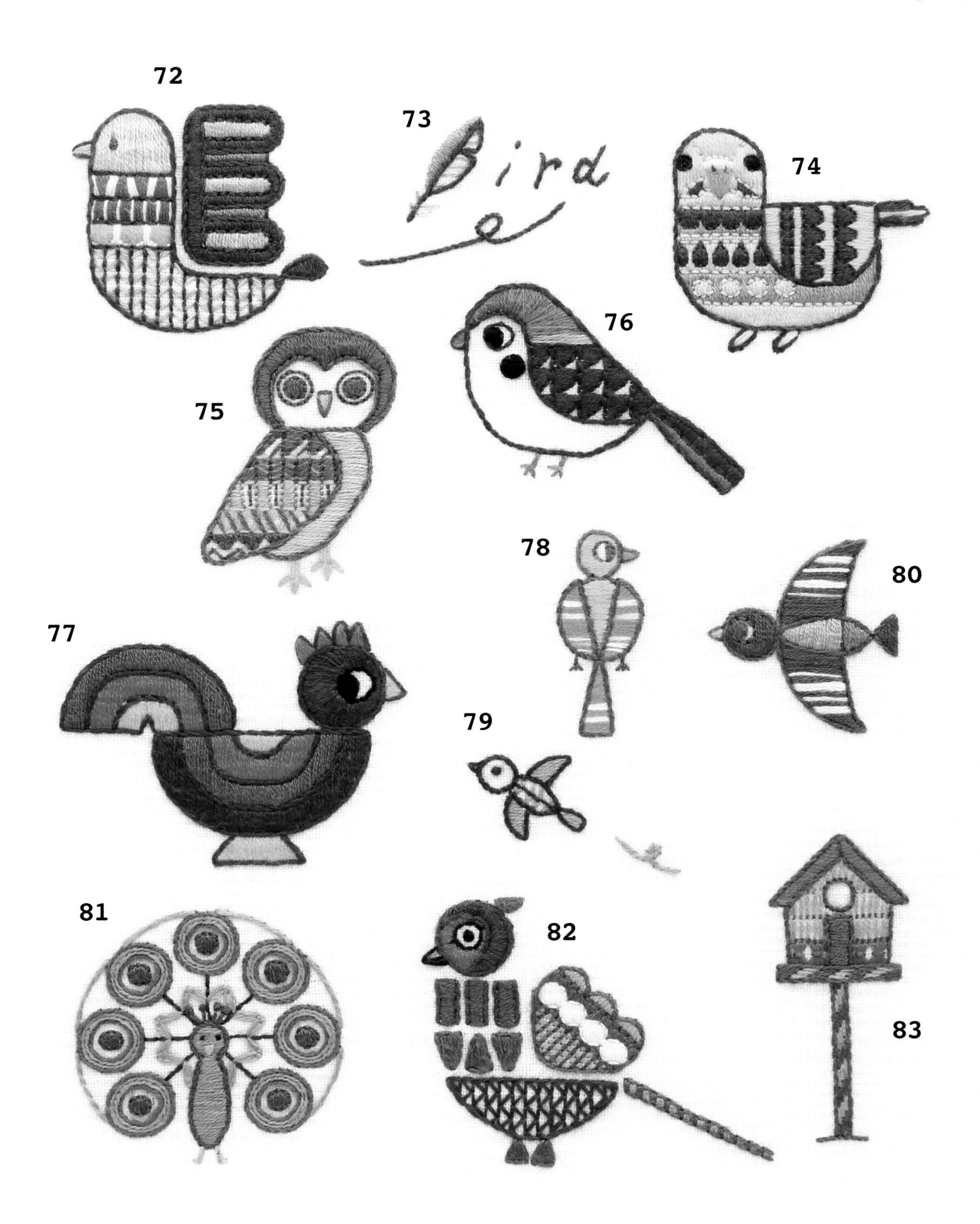

72

73

74

76

75

78

80

77

79

81

82

83

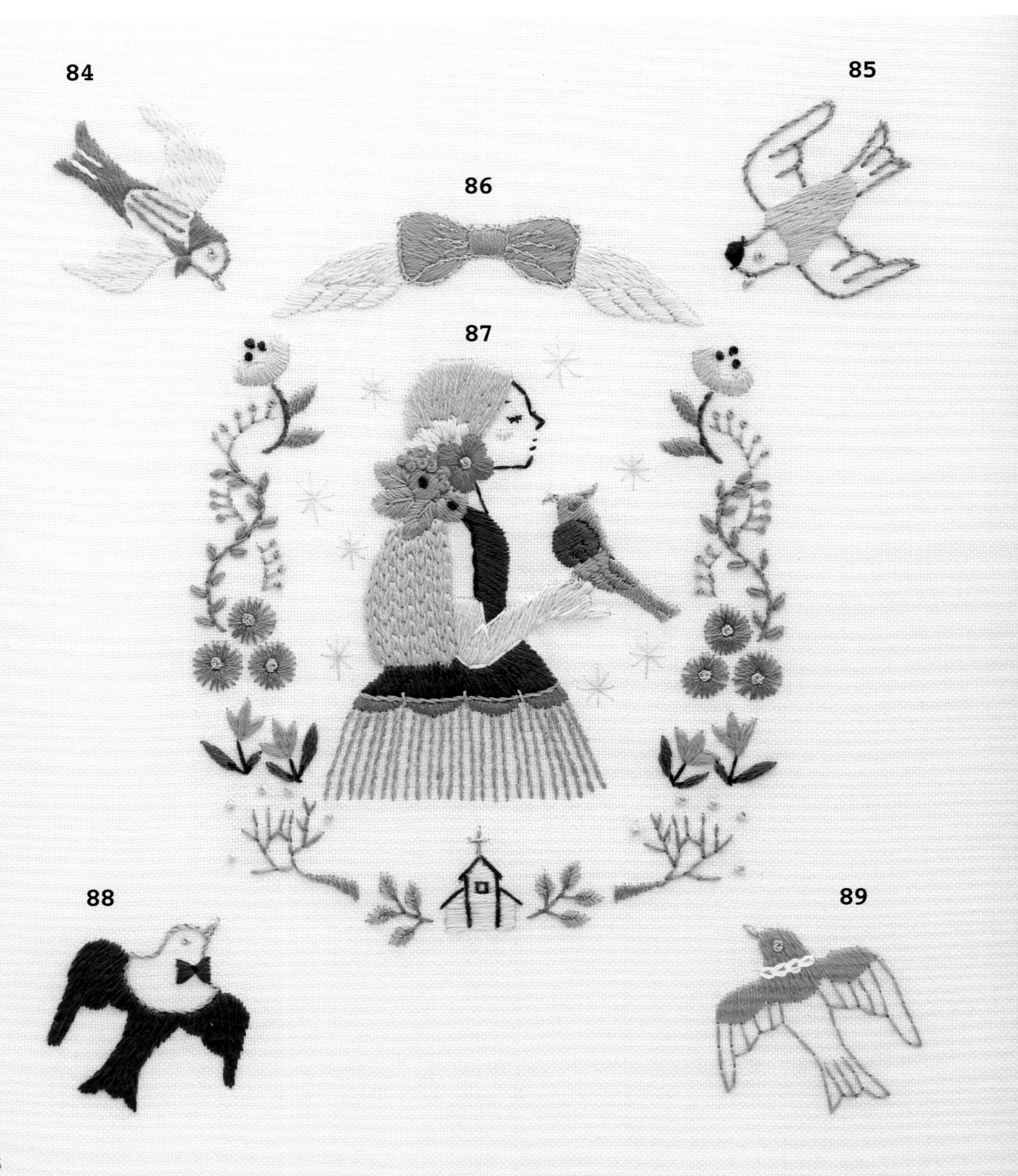

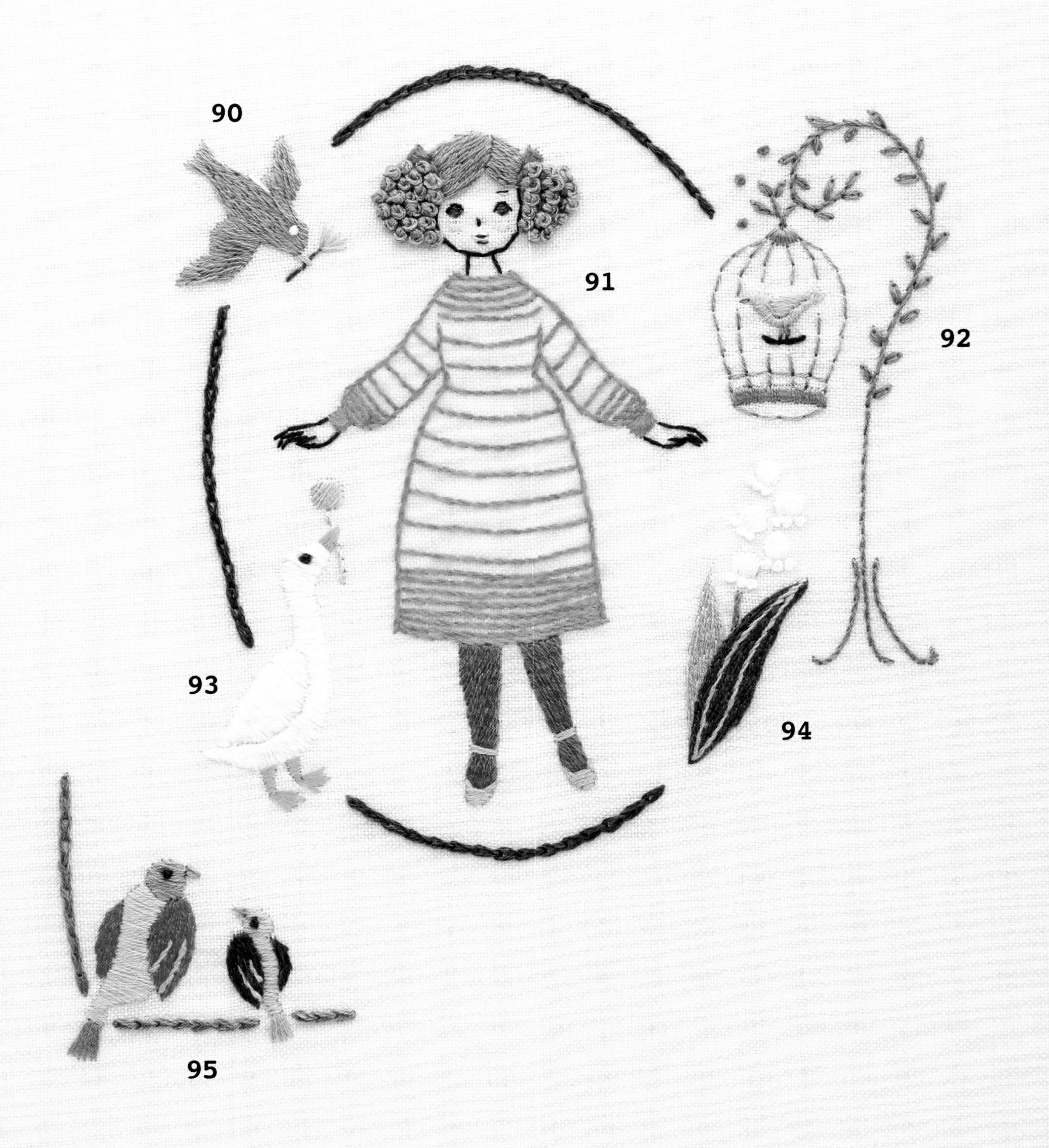

90

91

92

93

94

95

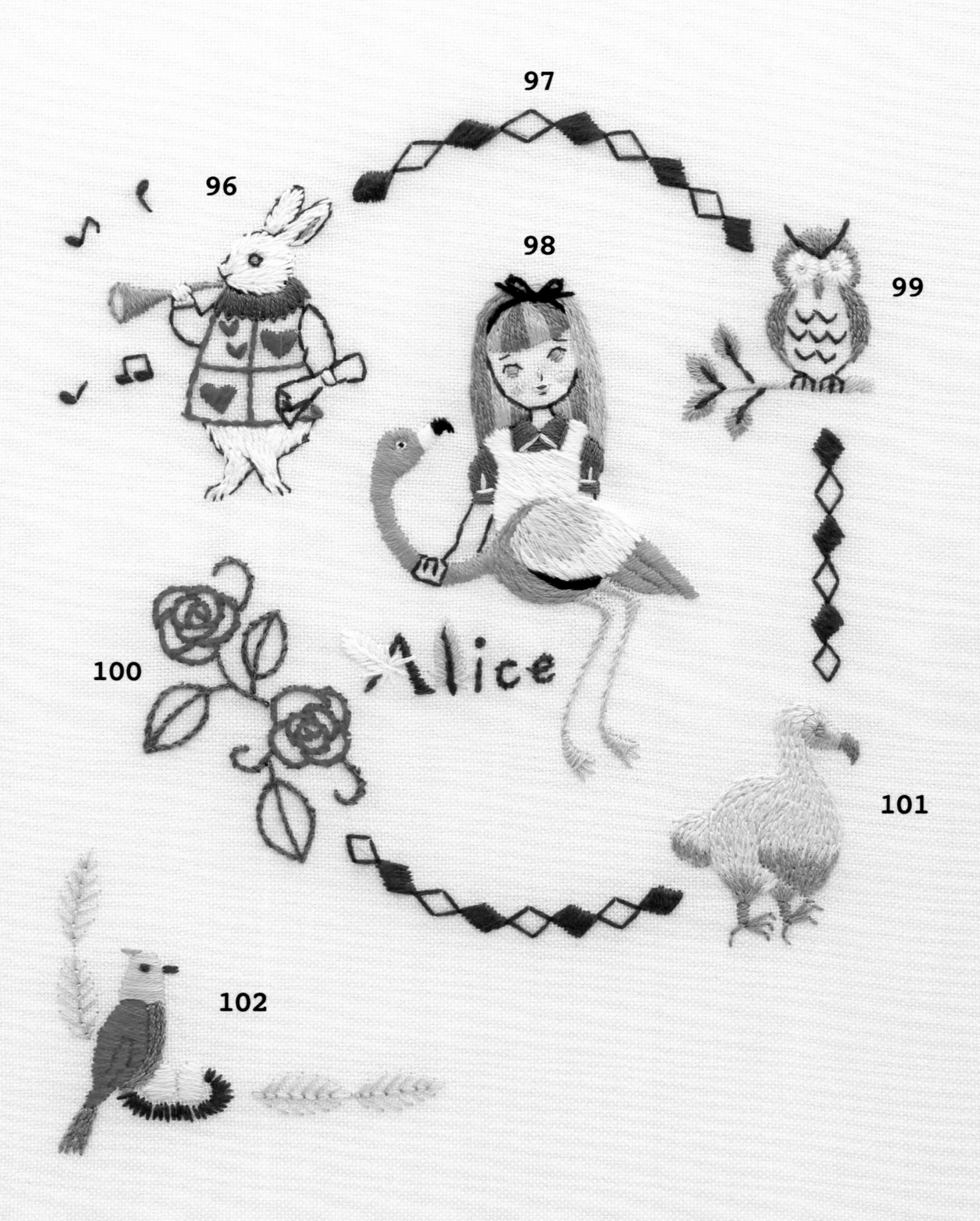

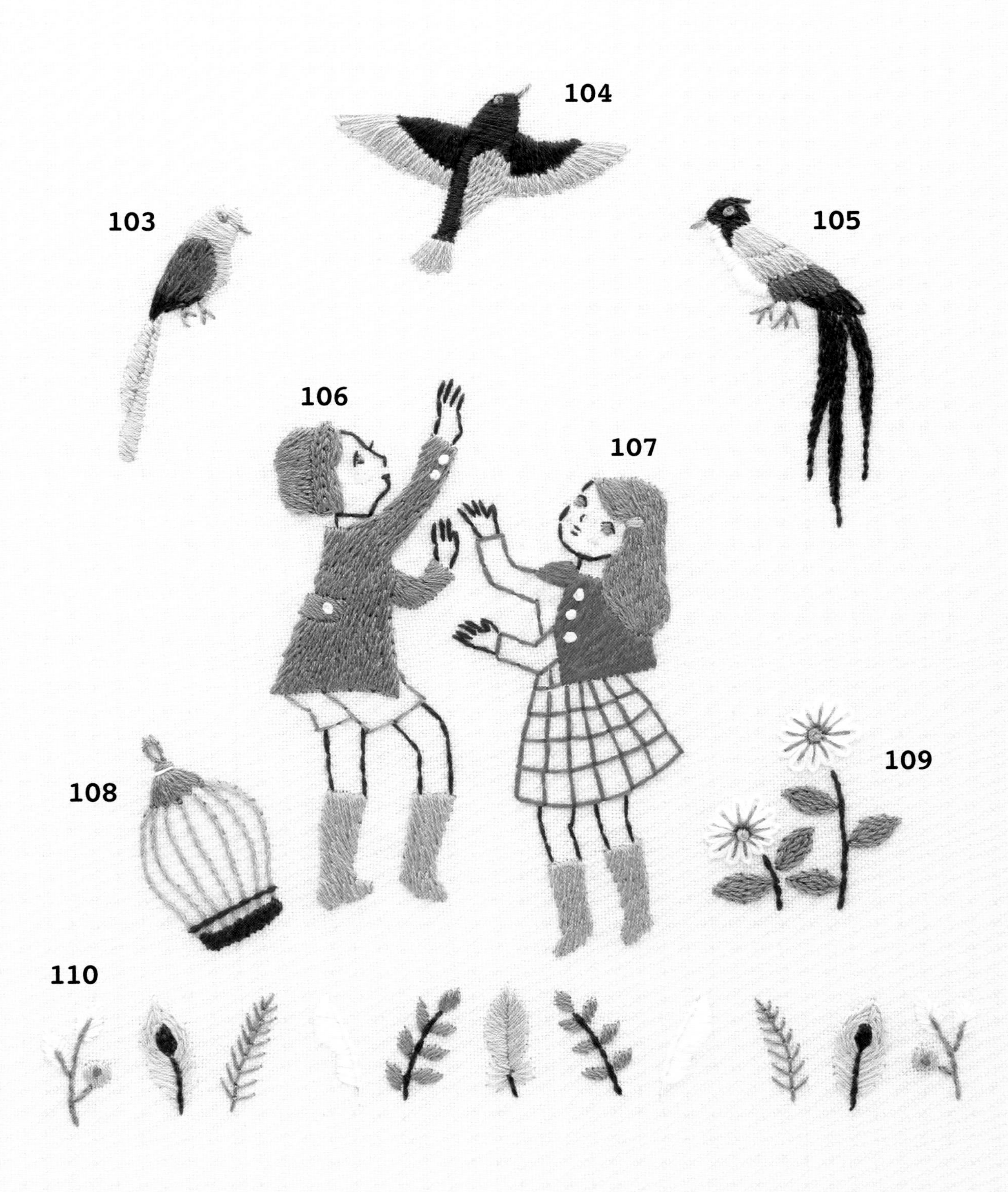

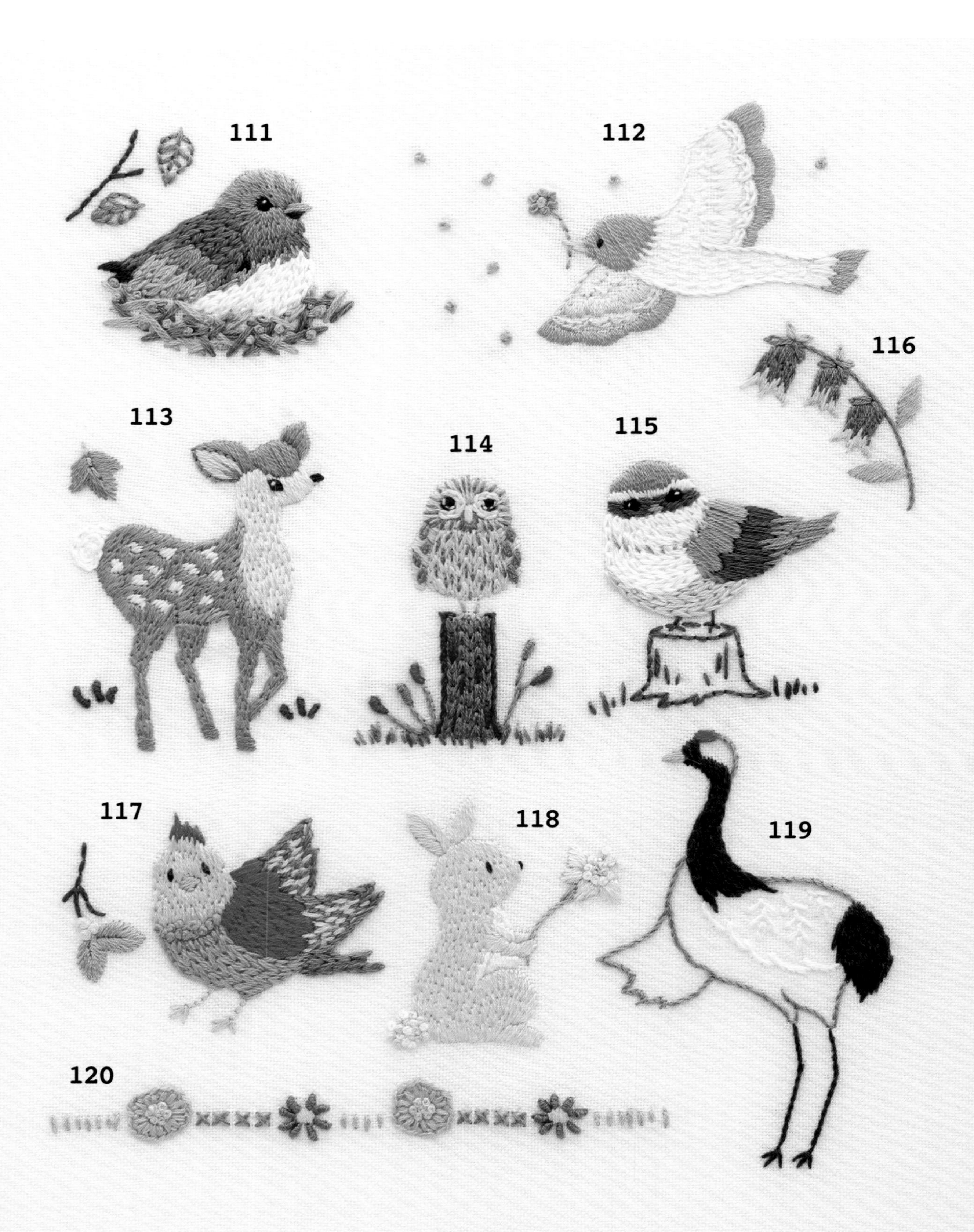

111

112

116

113

114

115

117

118

119

120

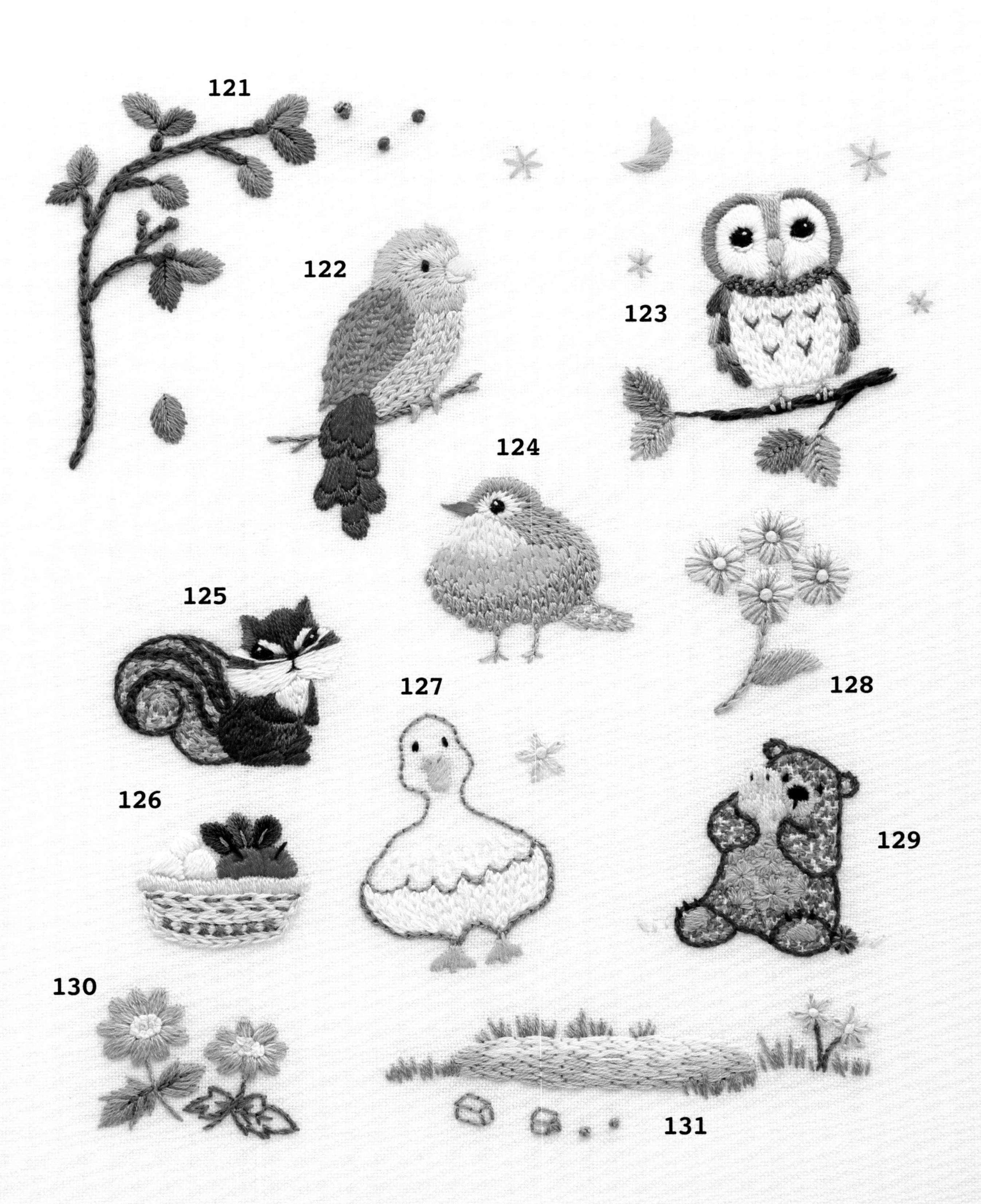

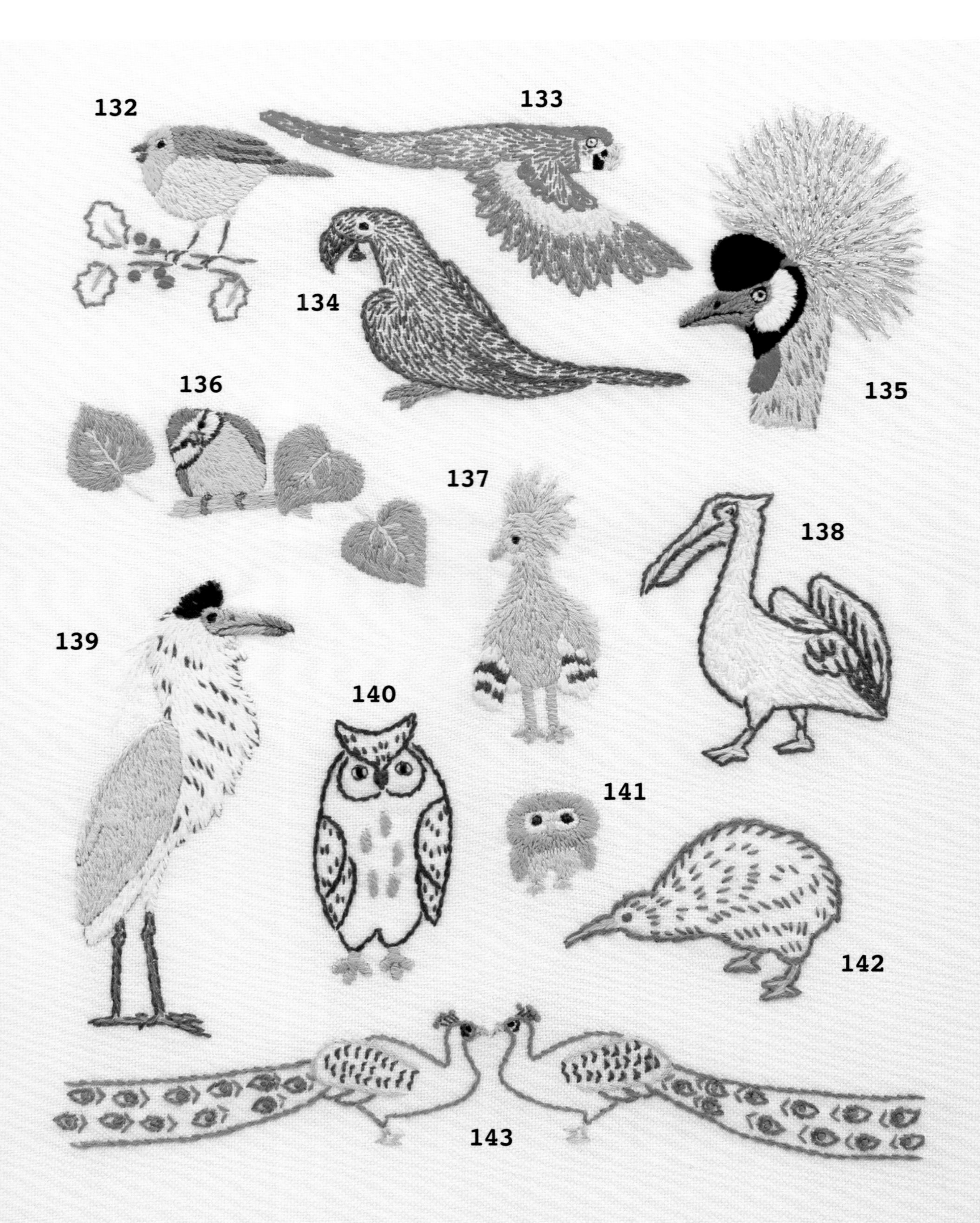

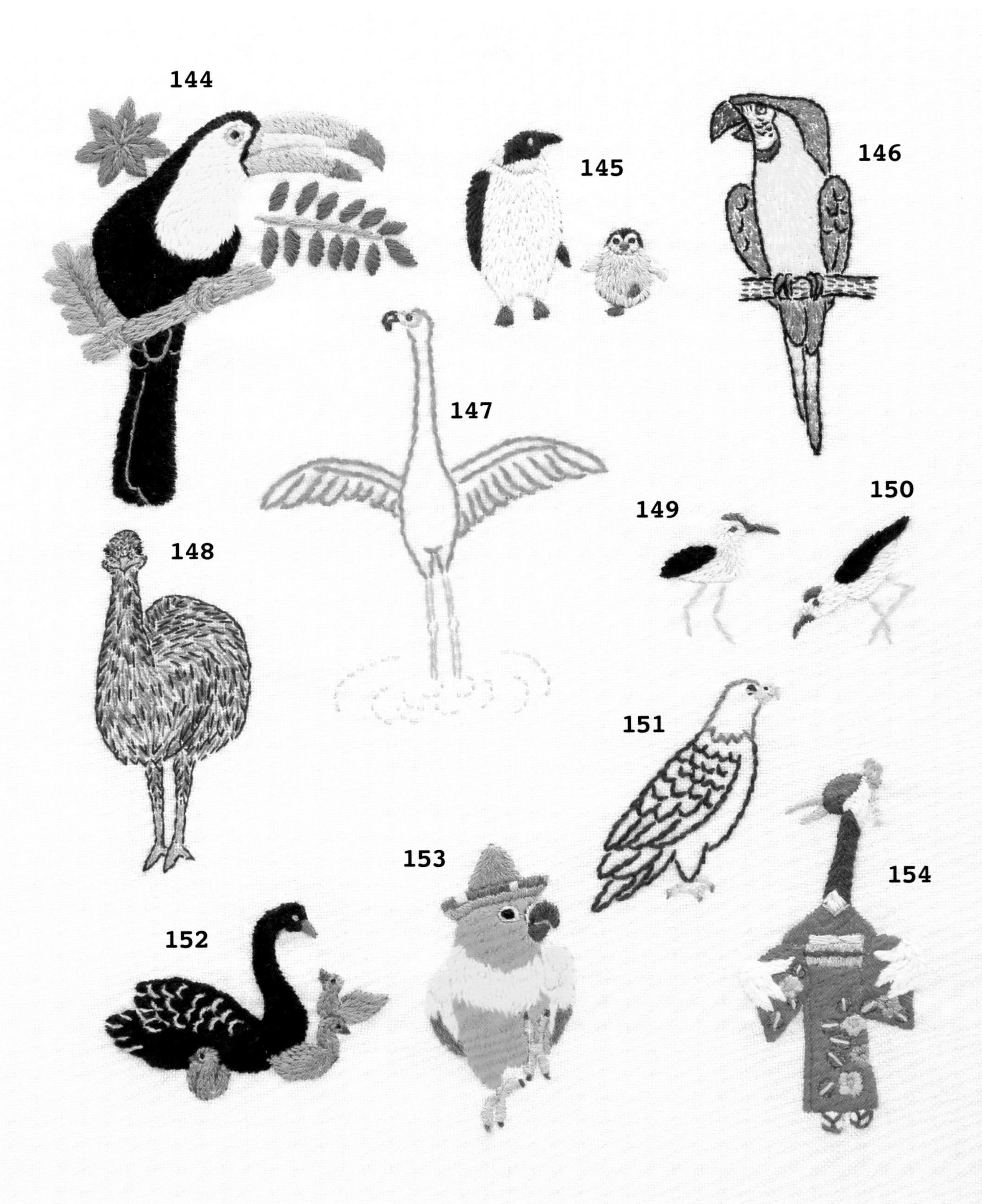

144

145

146

147

149

150

148

151

153

152

154

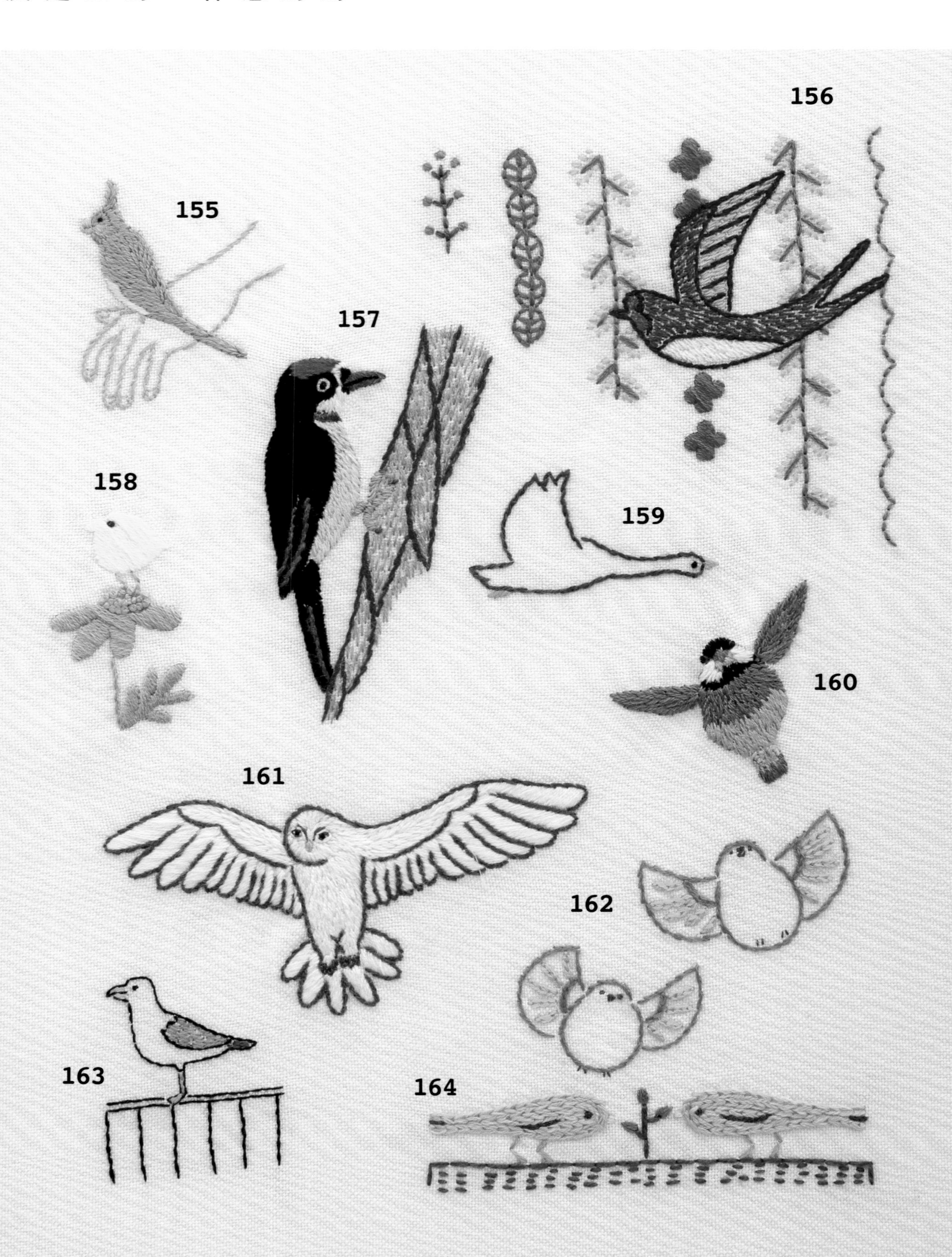

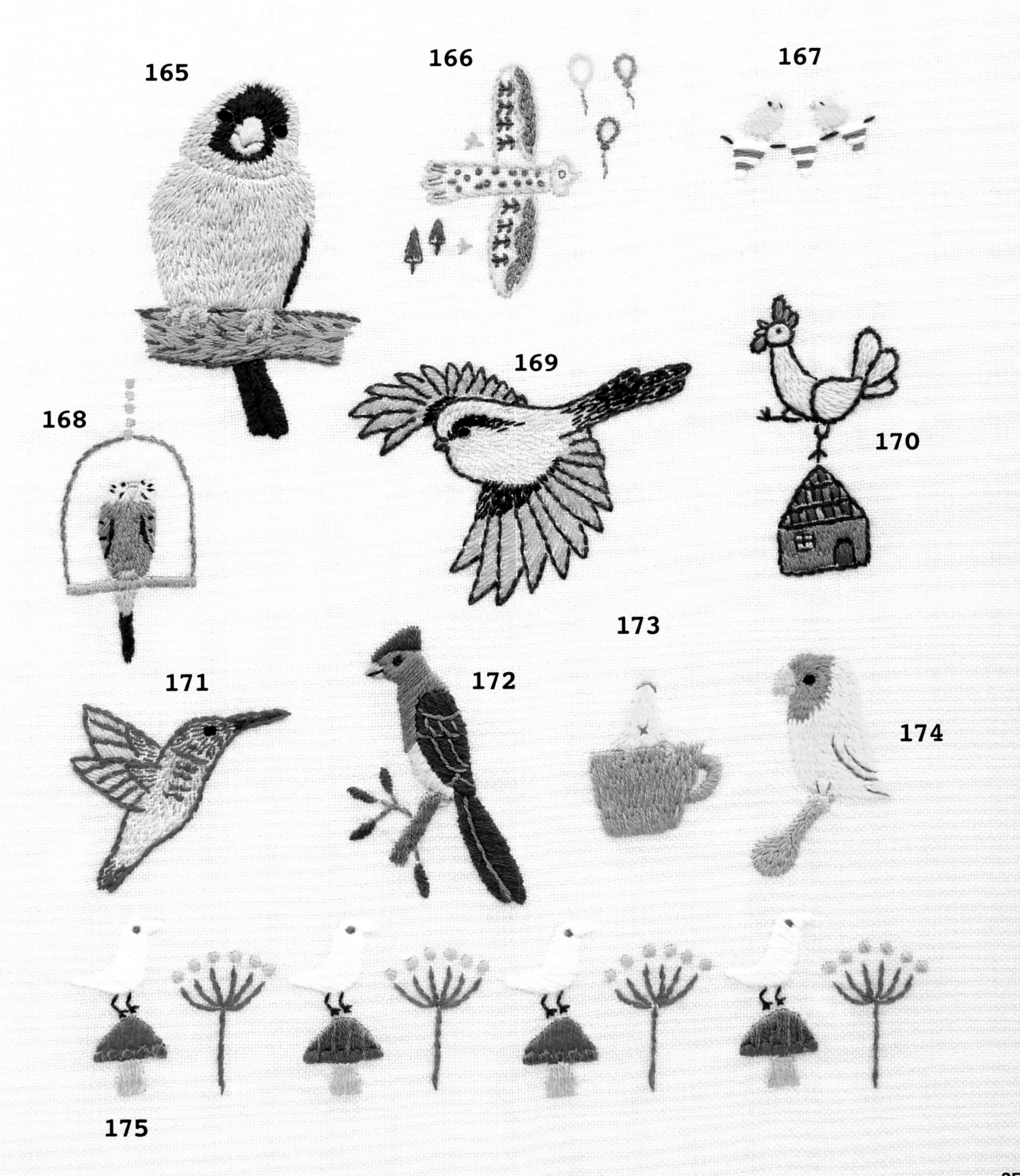

165

166

167

169

168

170

173

171

172

174

175

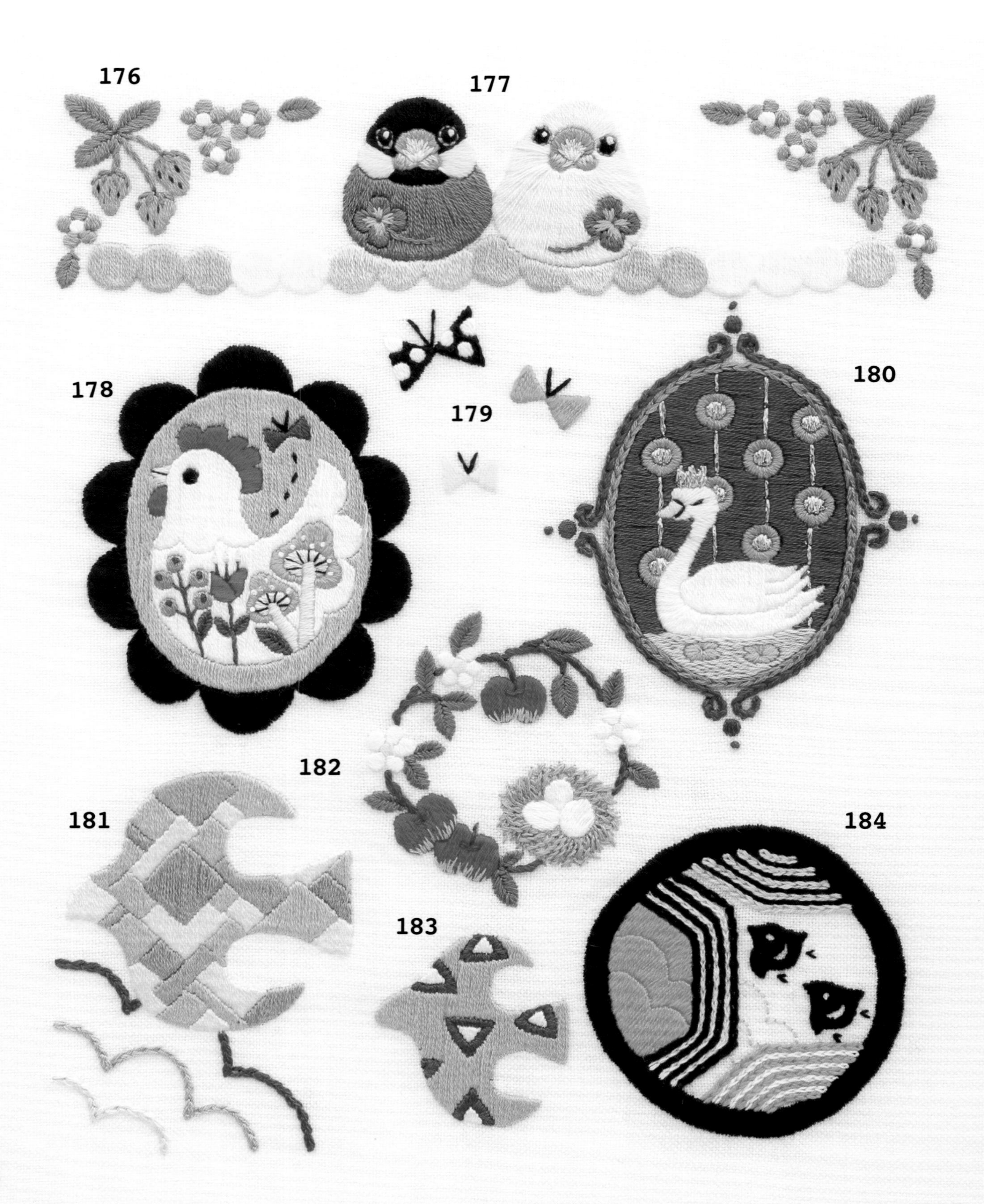

176

177

178

179

180

181

182

183

184

Design&stitch : wabuwabu
How to stitch : p.66,67

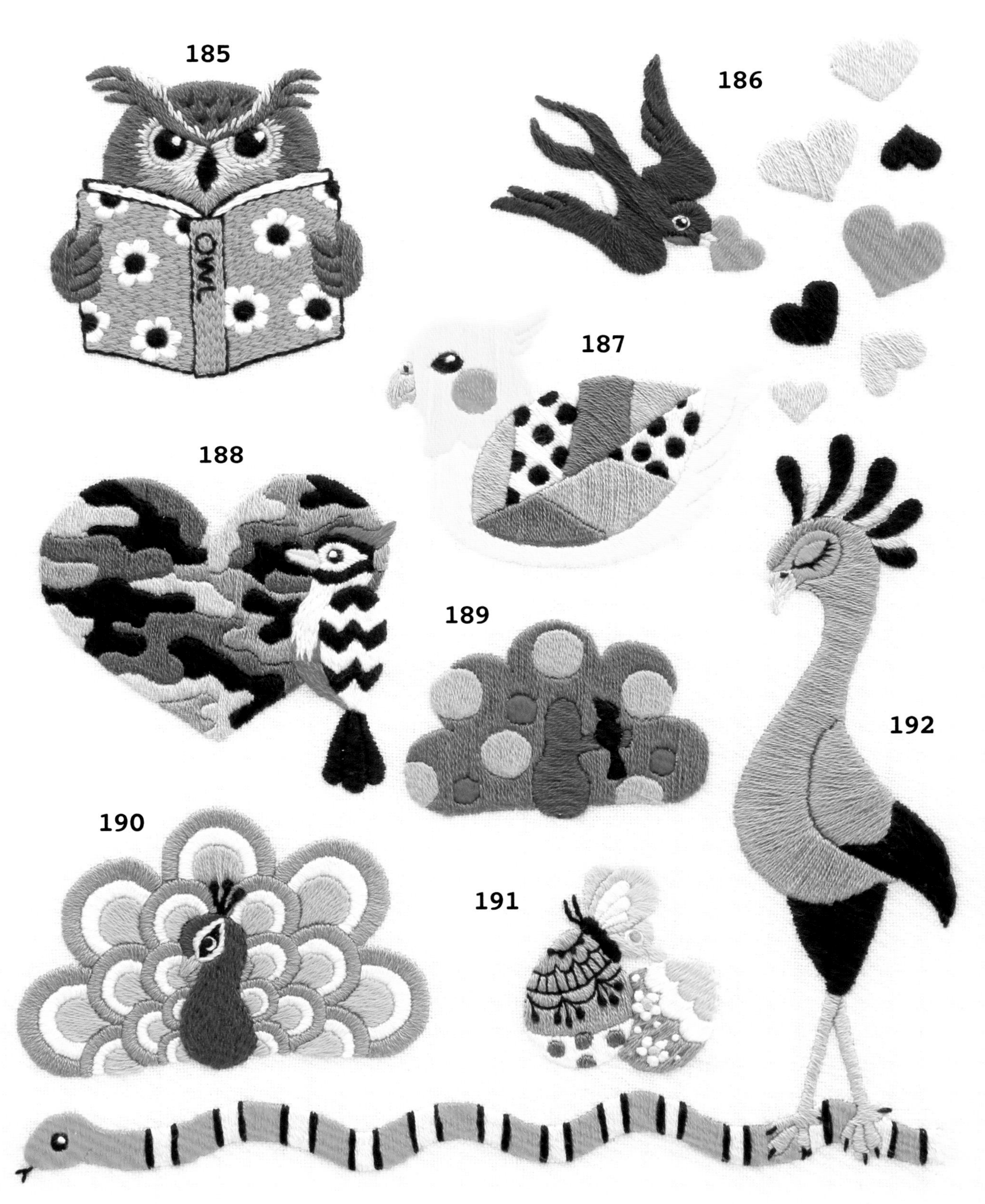

185

186

187

188

189

190

191

192

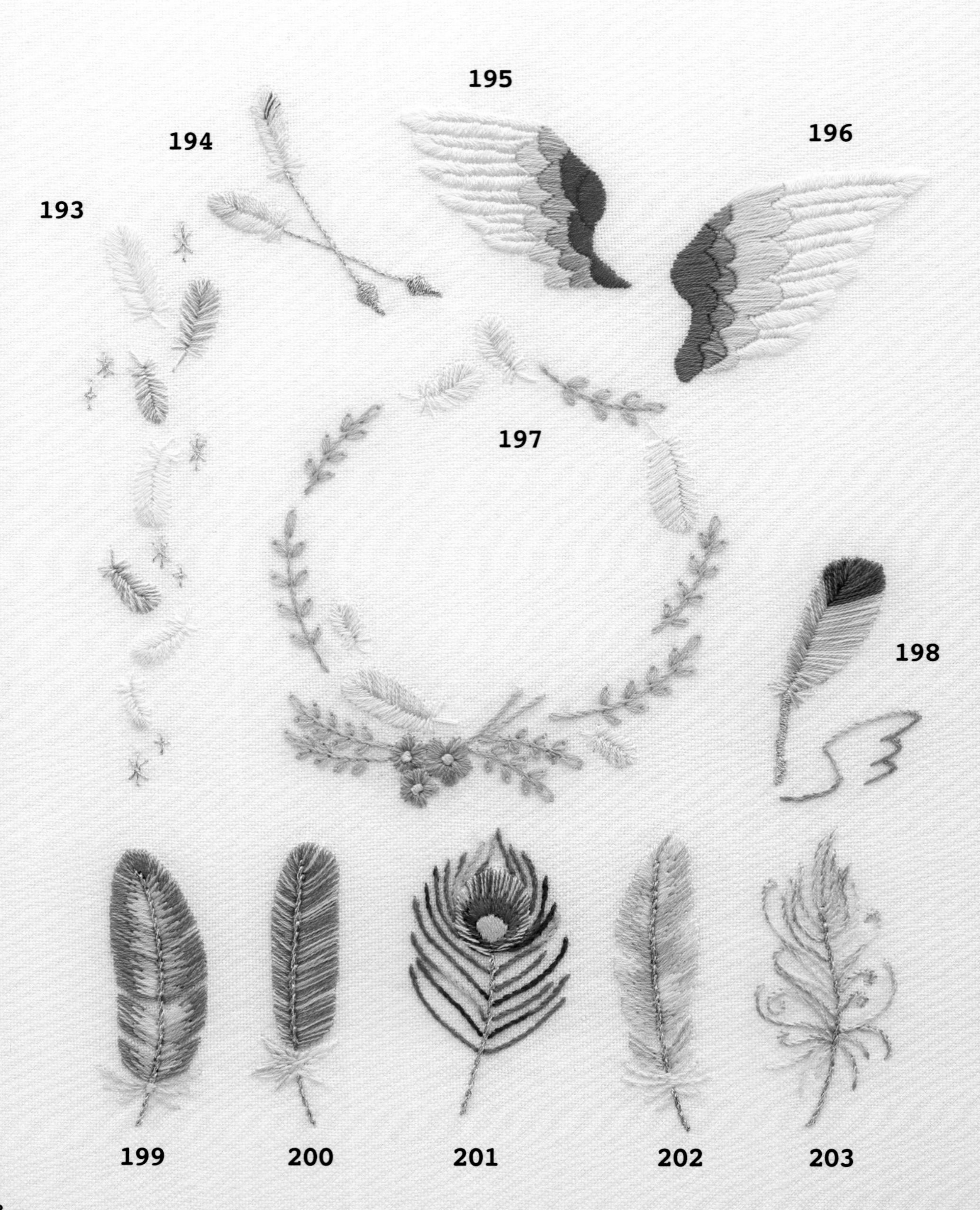

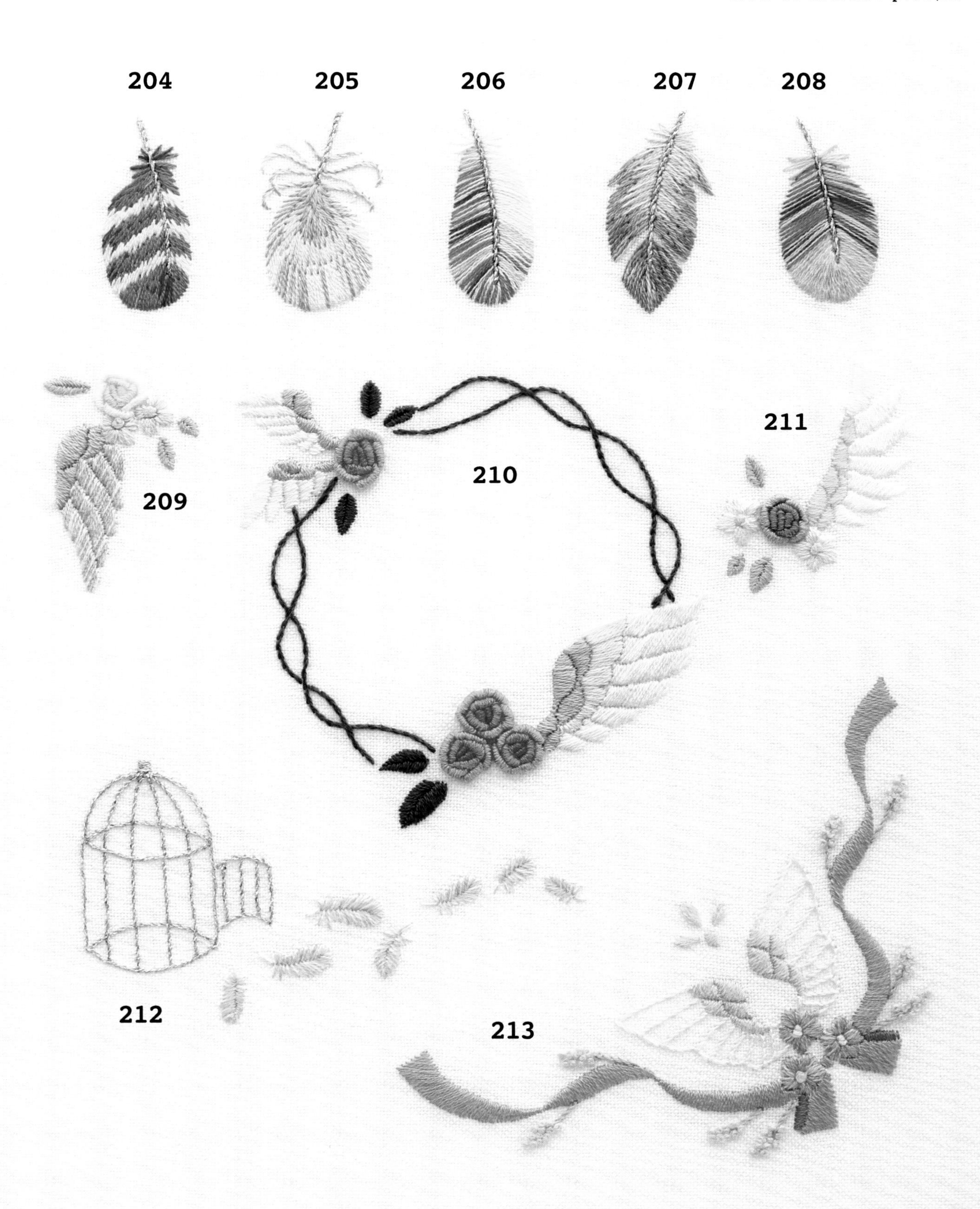

204

205

206

207

208

209

210

211

212

213

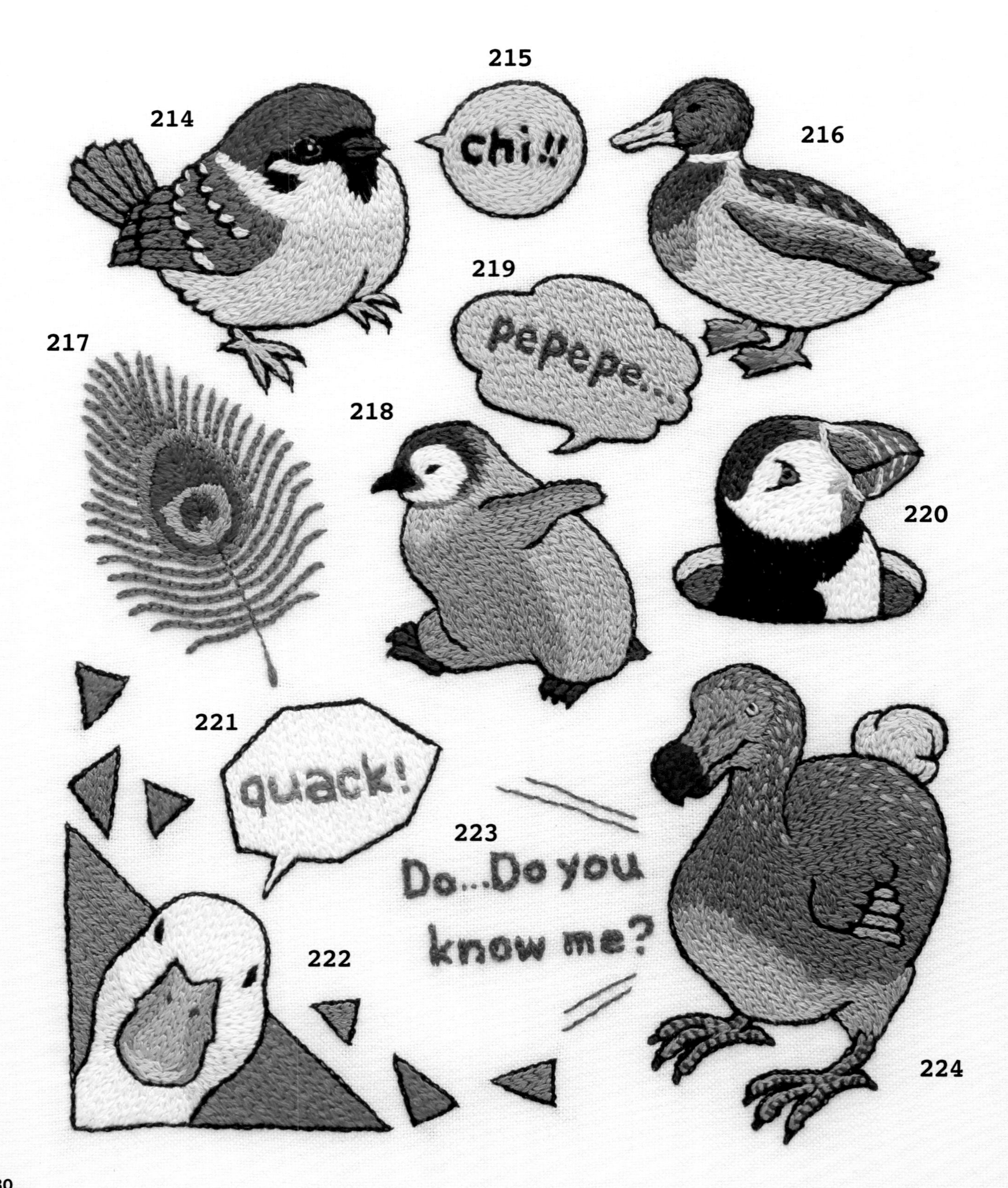

214

215

216

217

218

219

220

221

222

223

224

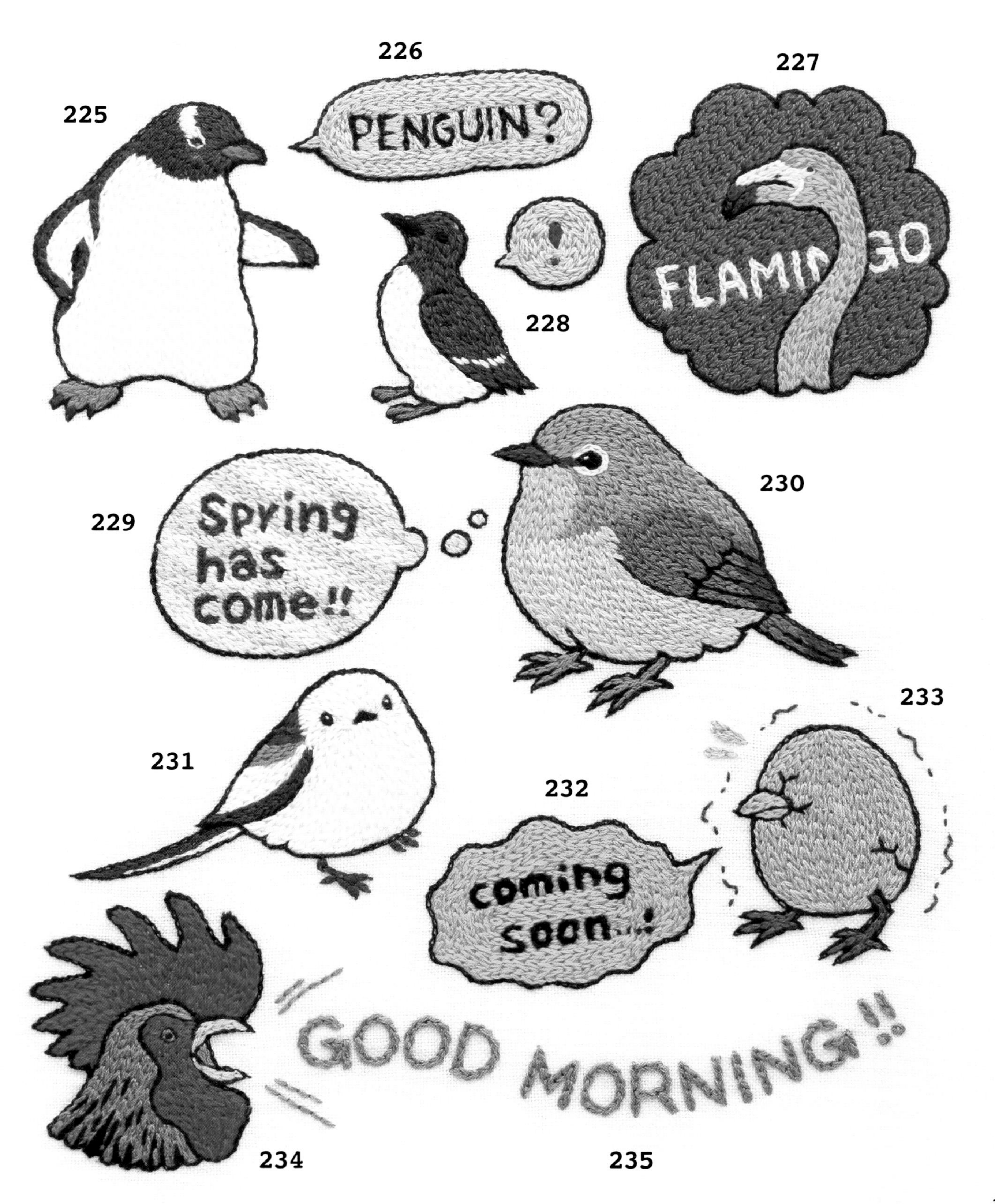

225

226

227

228

229

230

231

232

233

234

235

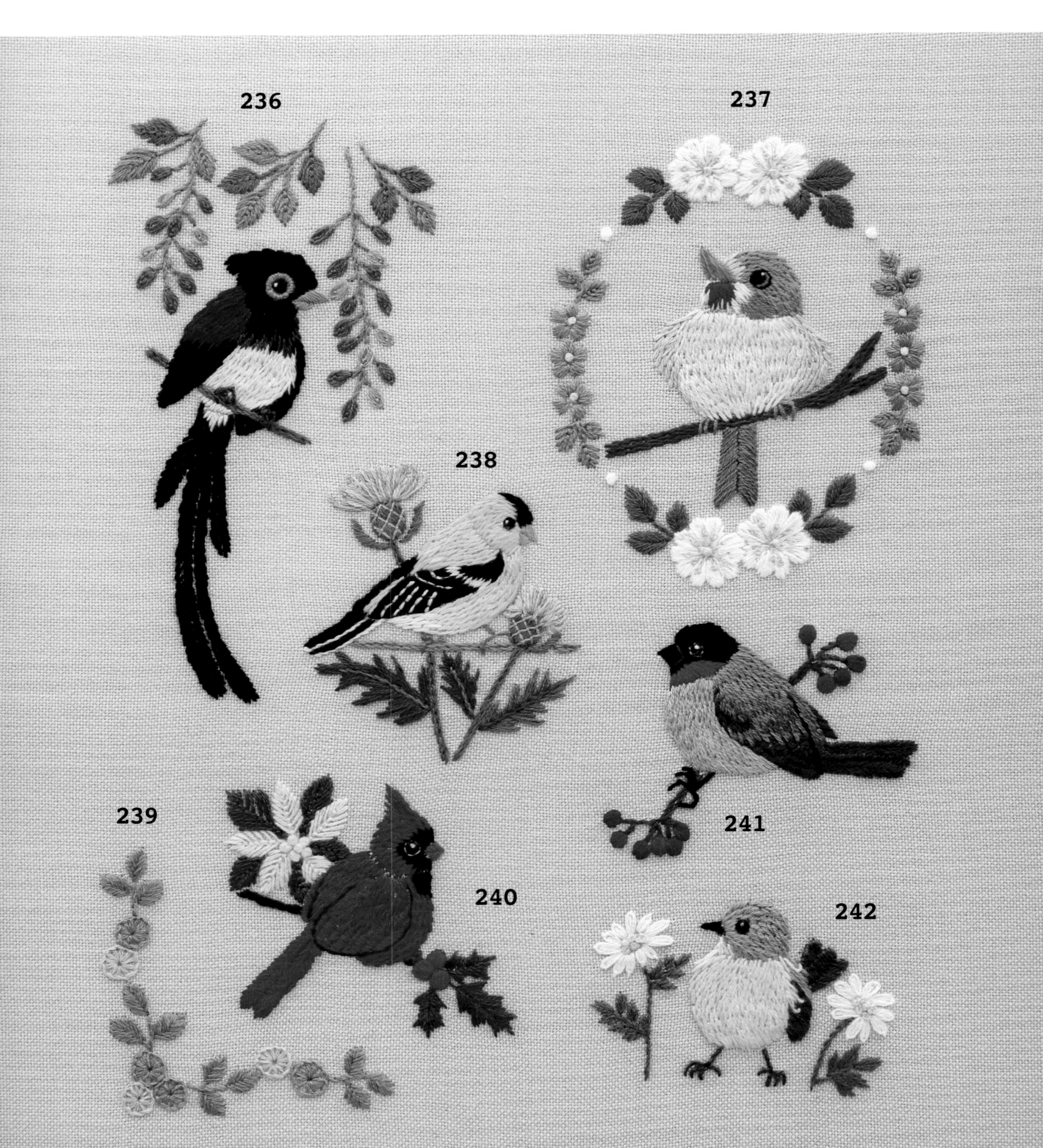

236

237

238

239

240

241

242

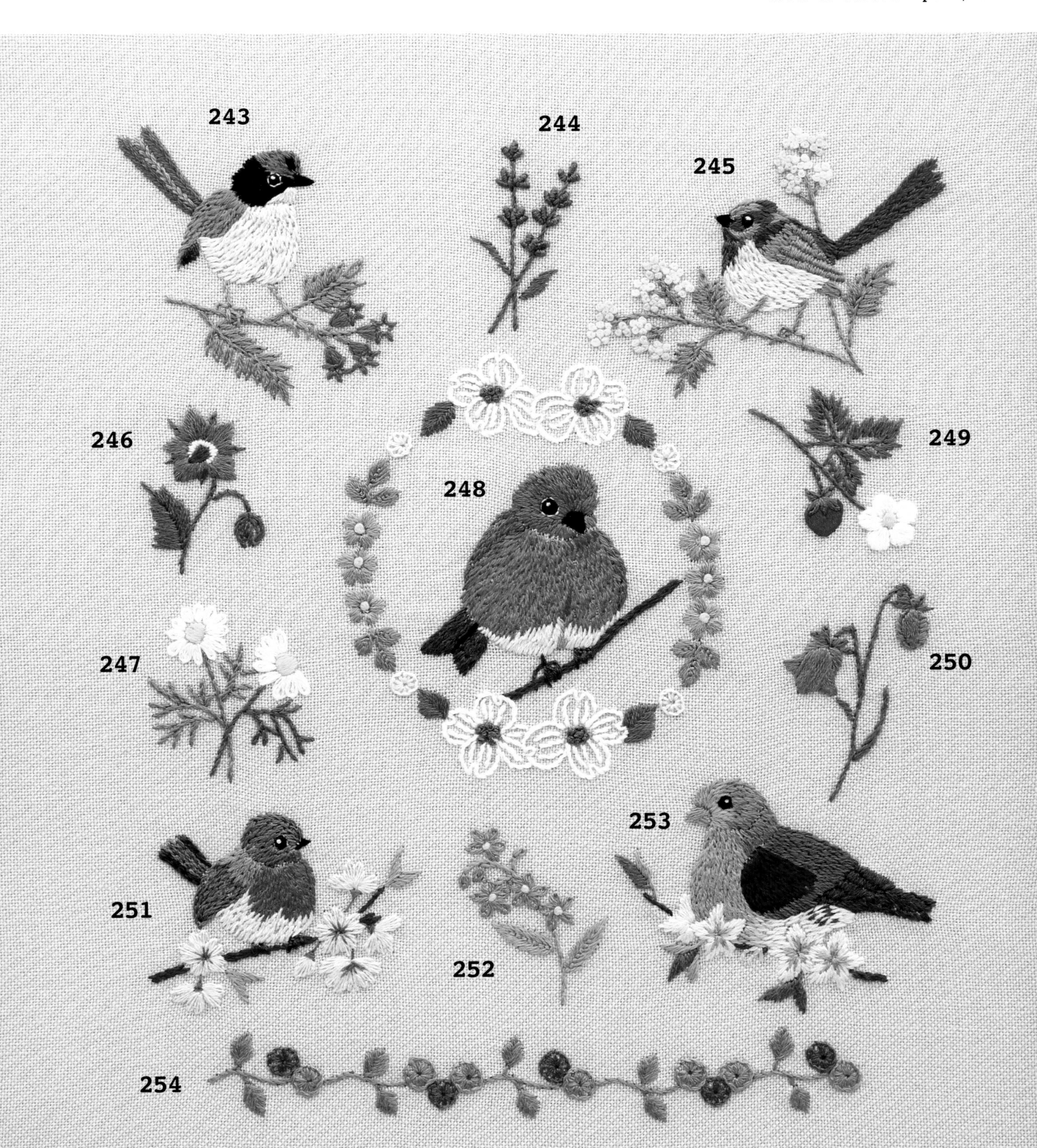

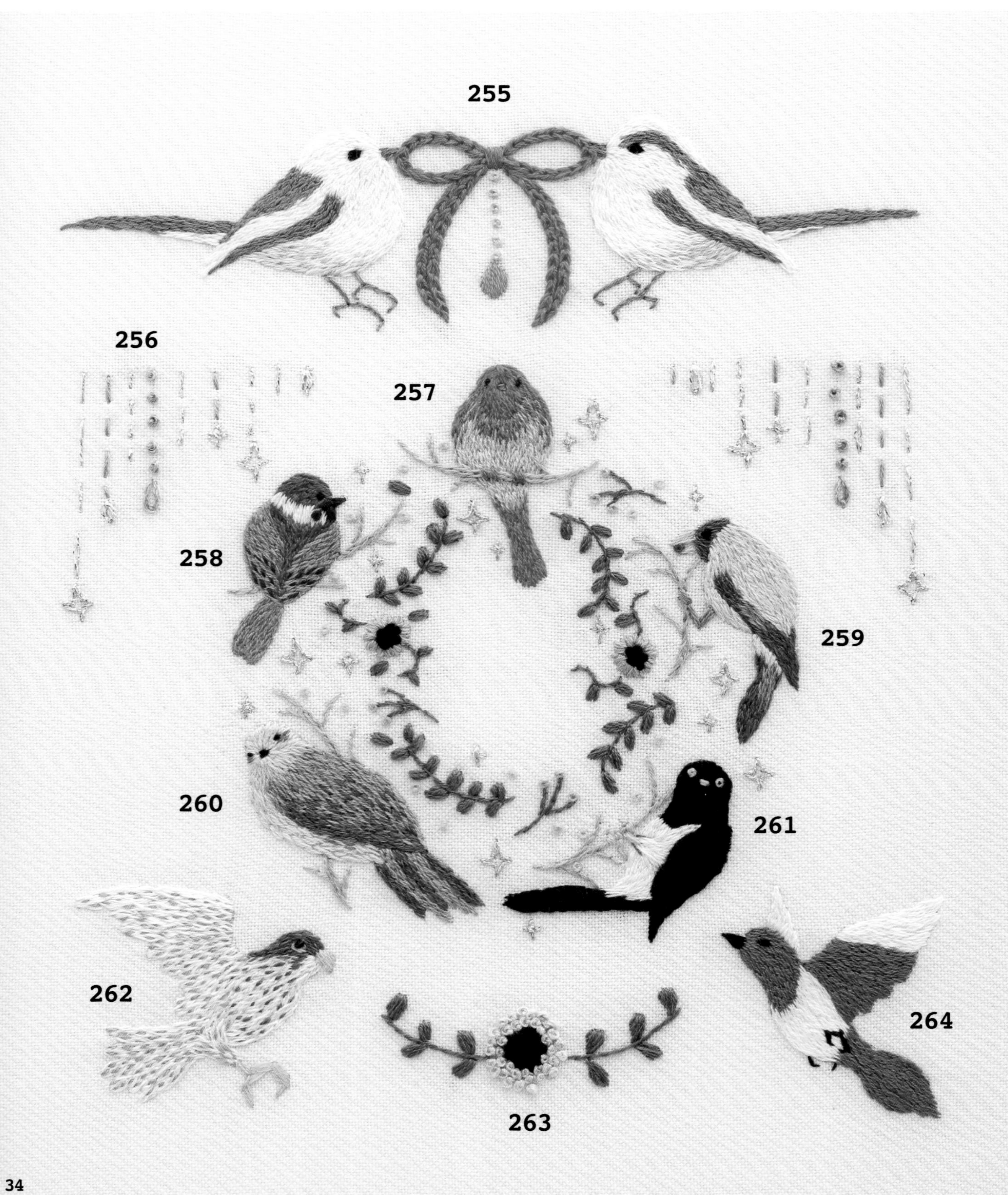

255
256
257
258
259
260
261
262
263
264

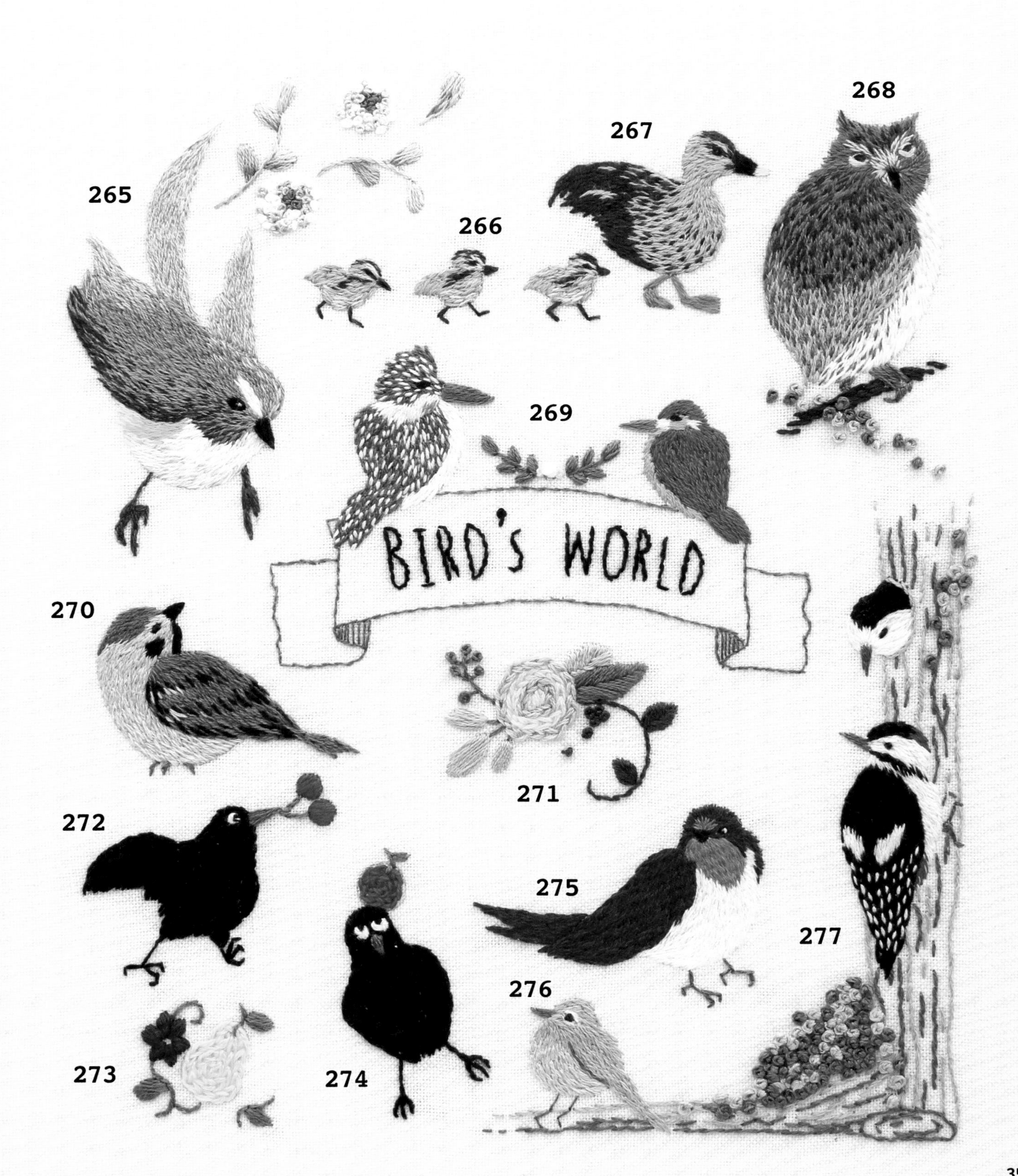

BIRD'S WORLD

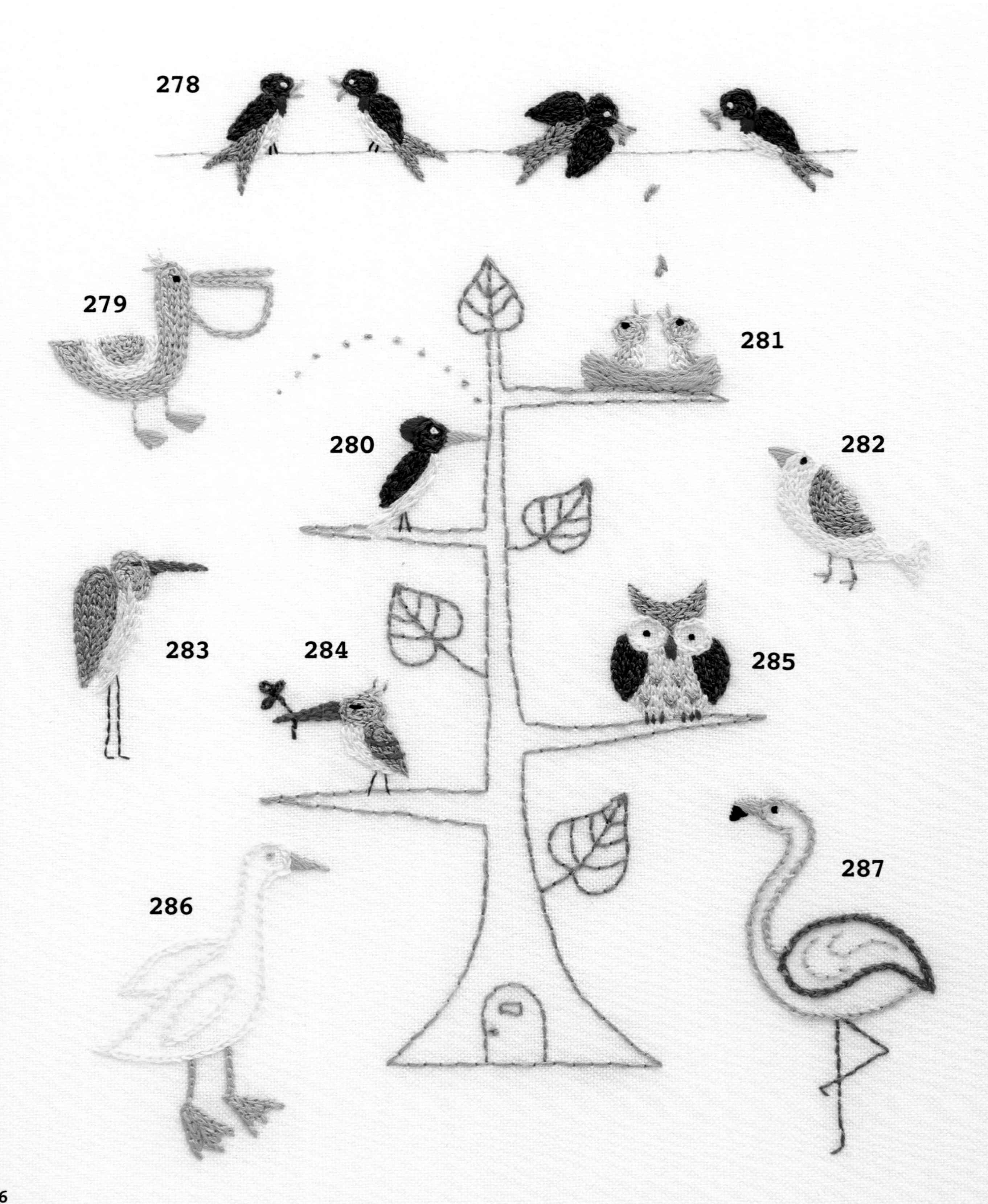

278

279

280

281

282

283

284

285

286

287

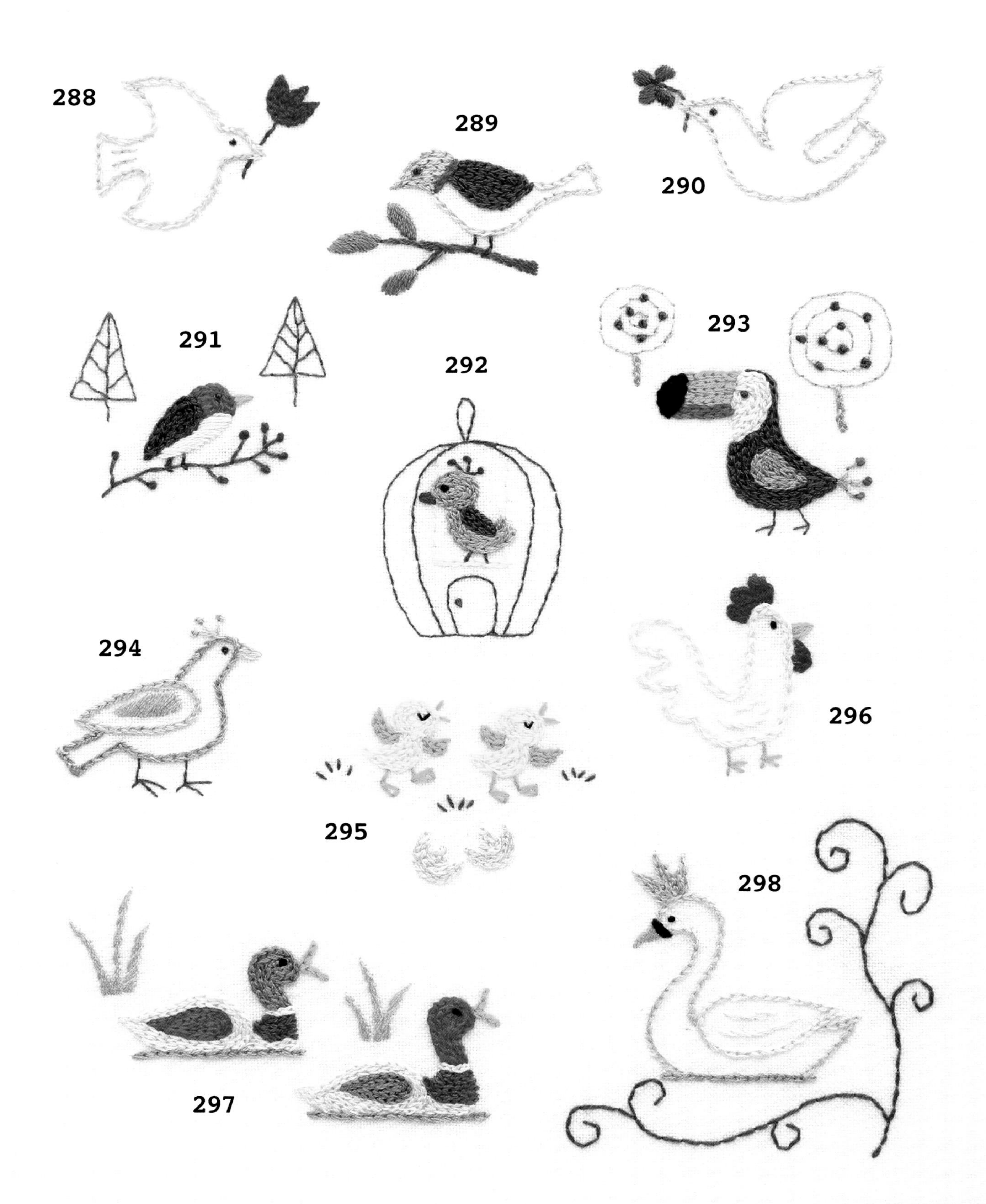

288

289

290

291

292

293

294

295

296

297

298

英文字母

Design&stitch：川上成子
How to stitch：p.78

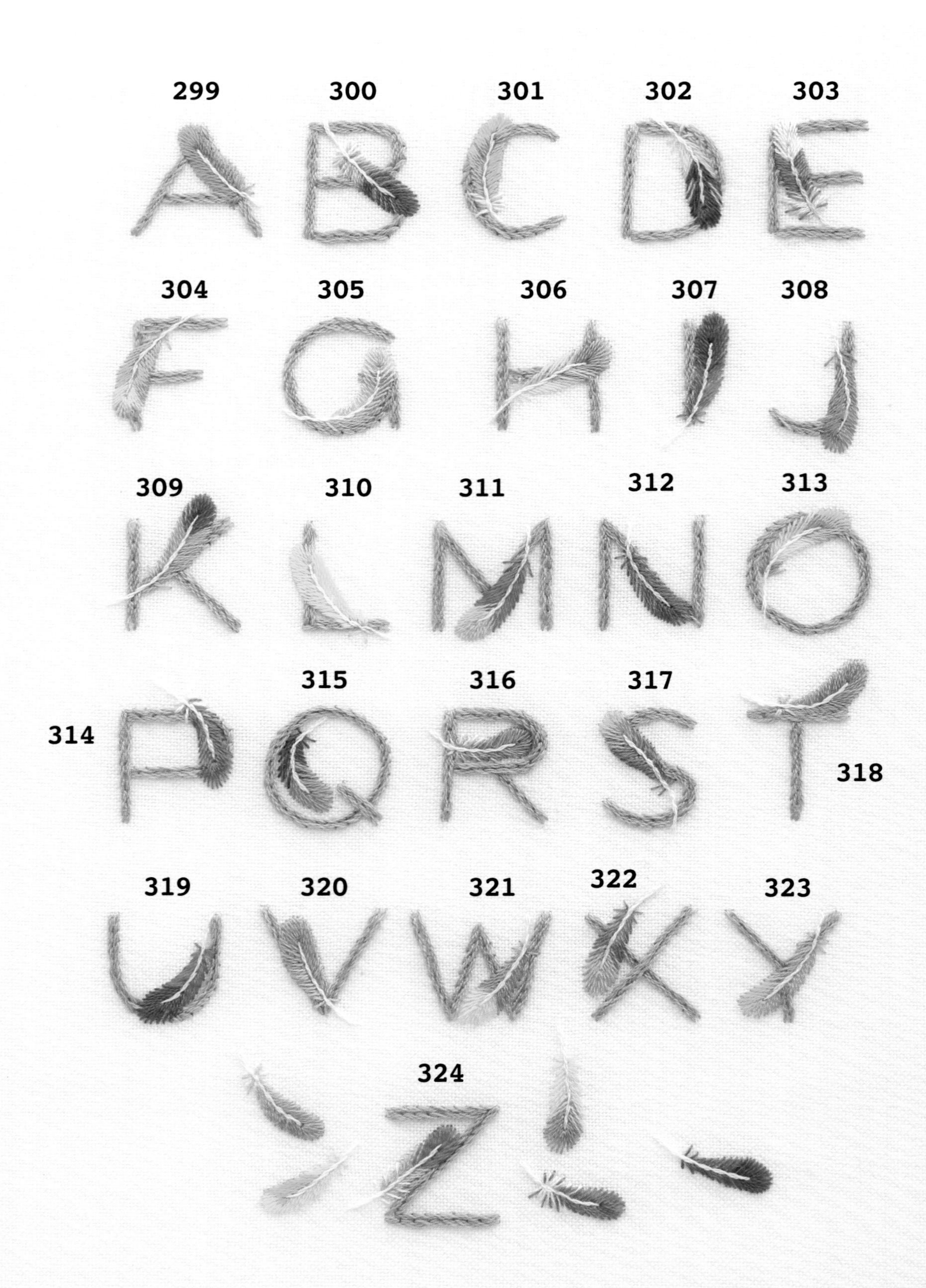

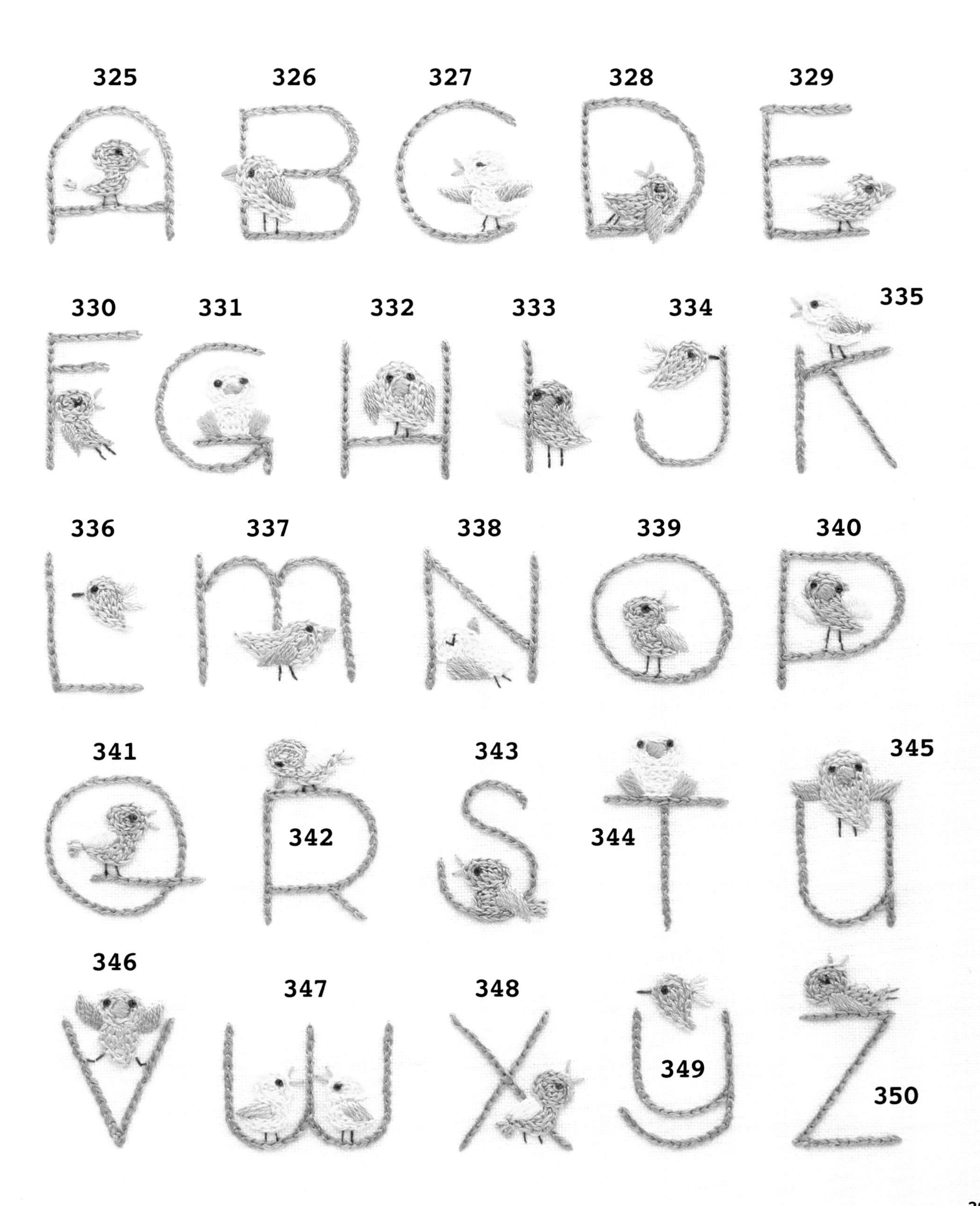

325 A
326 B
327 C
328 D
329 E
330 F
331 G
332 H
333 I
334 J
335 K
336 L
337 M
338 N
339 O
340 P
341 Q
342 R
343 S
344 T
345 U
346 V
347 W
348 X
349 Y
350 Z

準 備 物 品

 繡線

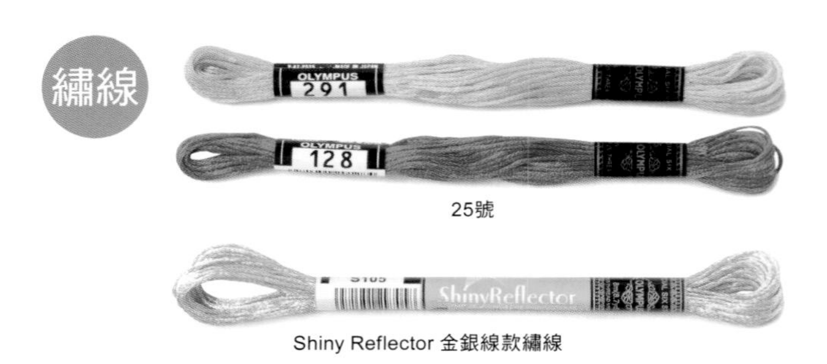

25號

Shiny Reflector 金銀線款繡線

本書作品全部使用「25號繡線（Olympus）」進行刺繡。這款繡線是由較細的六股線撮合成一束，使用時抽出需要數量再攏齊即可。金銀線的繡線也與25號繡線一樣。製作方法頁數上標示的股數，是指「六股當中使用幾股」這樣的算法。舉例來說「使用兩股」則是從六股當中抽出兩股線使用。

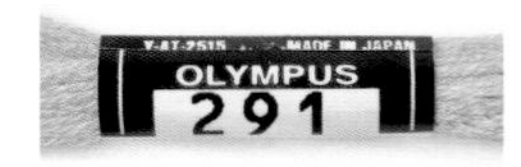

標籤上寫的數字是顏色編號。若要補充相同顏色的繡線時，這個號碼非常重要，因此請將標籤與繡線放在一起，直到繡線用完。

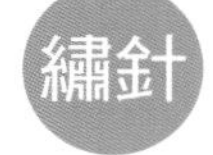

 繡針

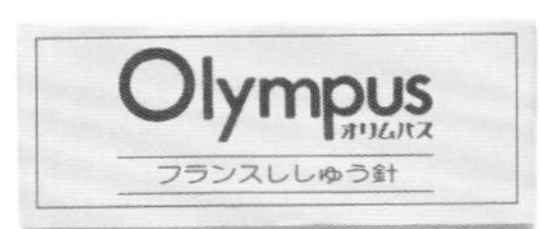

3號

5號

7號

法國刺繡用針

刺繡用針與一般縫衣針的不同，其特徵是穿針孔較長且大，這會讓繡線比較好穿。而針頭尖銳的「法國刺繡用針」能夠穿過各種布料，是一般常用繡針。繡針有尺寸區別，可依需求穿過的繡線股數分別使用。

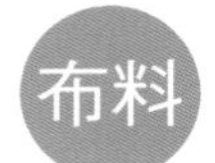

 布料

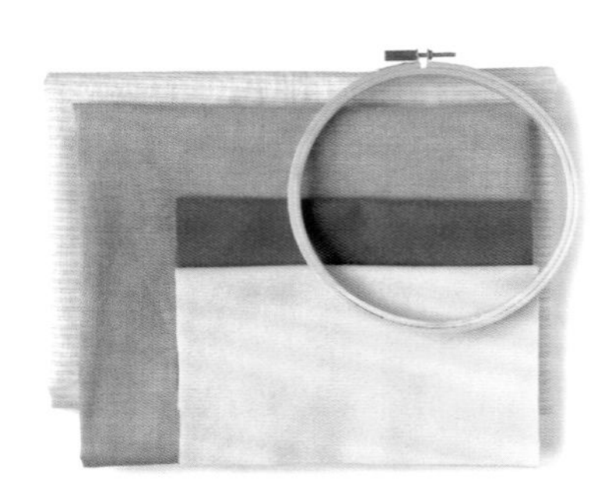

刺繡可以繡在各種布料上，如棉、亞麻、不織布、毛料等。但一般來說，平織的布料會比較好繡。繡目整齊的刺繡專用布料，種類也十分豐富，推薦「刺繡初學者」可以使用這類布料。繡框可以防止布料縮皺或扭曲，建議您將布料以繡框固定之後再刺繡。繡框直徑10至12cm的尺寸使用最為方便。

剪刀

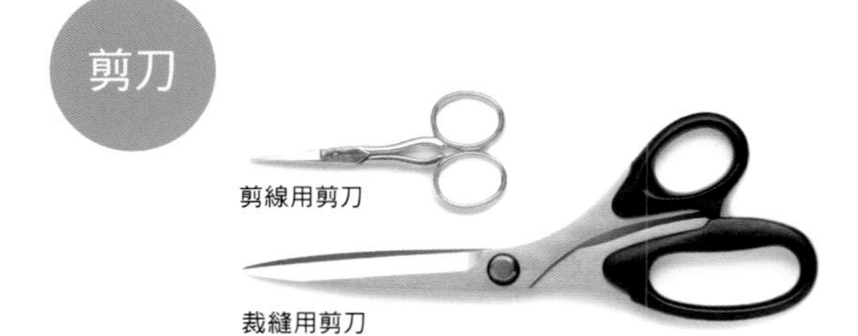

剪線用剪刀

裁縫用剪刀

剪線時，使用小把的剪線用剪刀會比較方便。若能準備一把前端較細且銳利的剪刀，在製作作品的時候會比較順利。剪布時，就以裁剪布料專用的裁縫用剪刀製作。

便利的工具「雙面布襯」

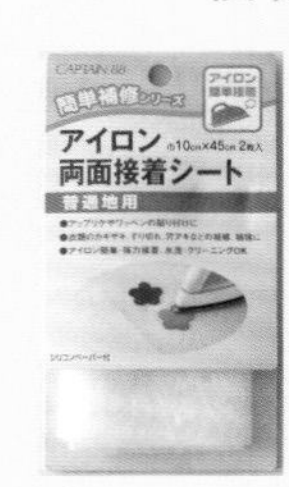

想把單項物品刺繡裝飾到小物品上，可使用熨斗輕鬆貼上去，非常方便。使用方法是將大略剪下一塊的雙面布襯，以熨斗加熱貼在刺繡片的背面，將離形紙撕下來後，再將刺繡片以熨斗燙到想貼的地方。如此便能夠輕鬆固定到堅硬而難以刺繡的布料上。

• 圖案轉印方式

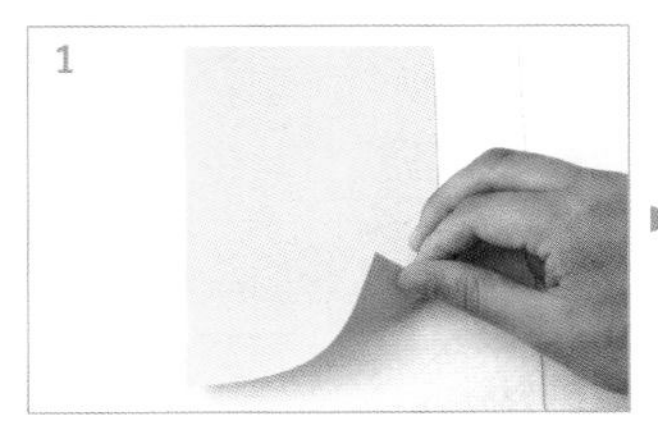

將單面粉土紙的粉土面朝下,放在布料上面。

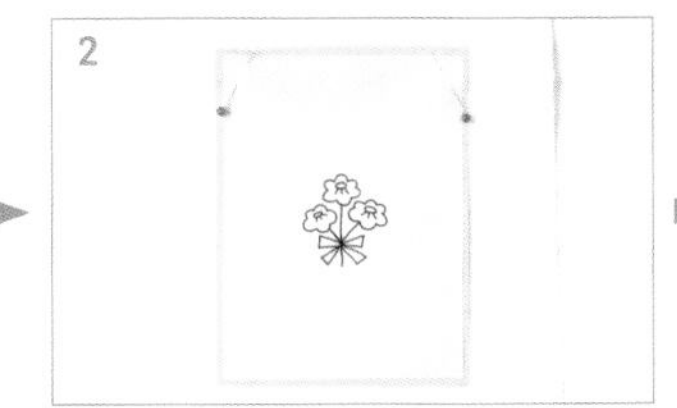

再將印好圖案的描圖紙放在上面,再疊上玻璃紙。※玻璃紙較好滑動,且有保護圖案的功用。

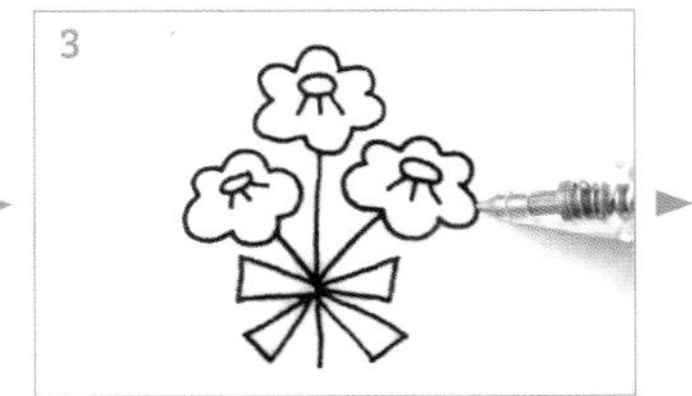

使用鐵筆或原子筆等物品,在玻璃紙上描圖案。

圖案轉印完成。

• 25號繡線的使用方式

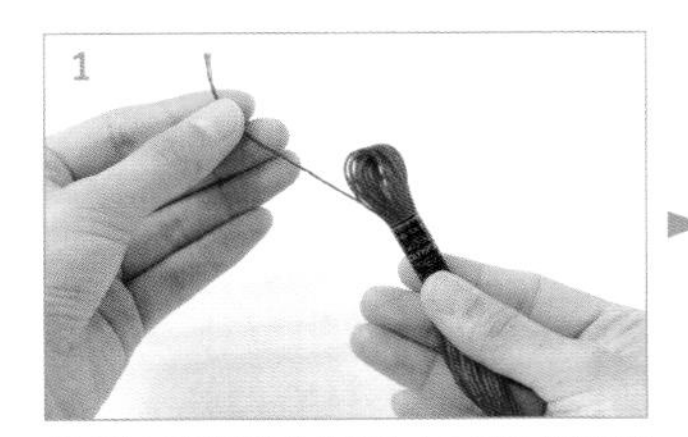

輕輕按著繡線的標籤,輕巧地拉出線頭。

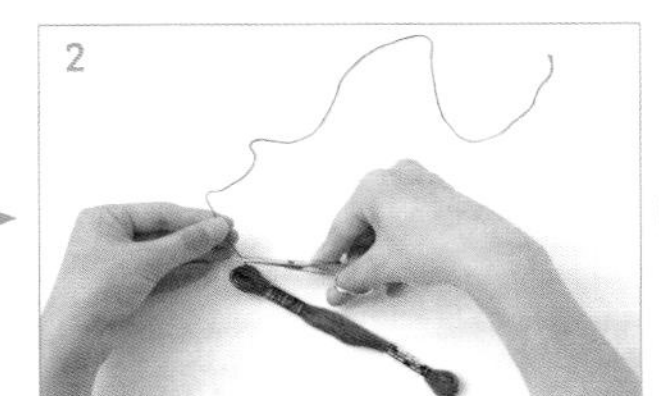

拉出40至50cm左右的長度後剪斷。

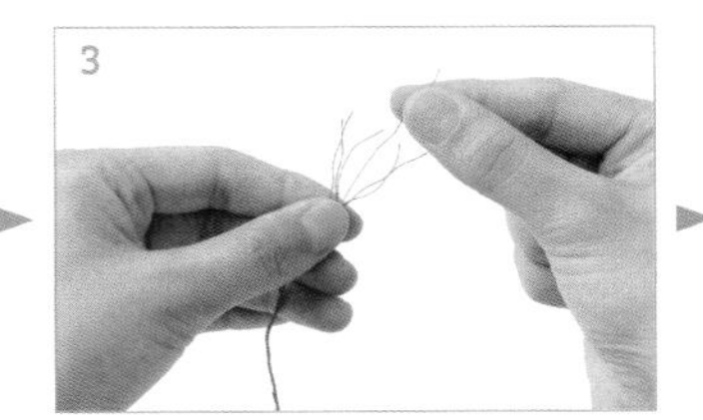

將線頭鬆開,拉出當中的一條細線。

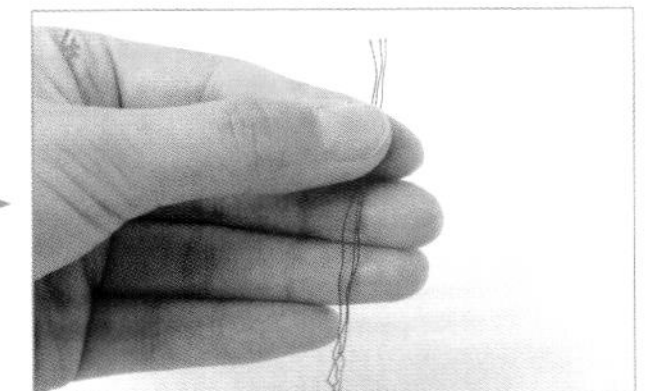

將所需的股數攏在一起、對齊線頭。※若以六股一起繡,請務必一股股拉出後整理。

• 穿線方式

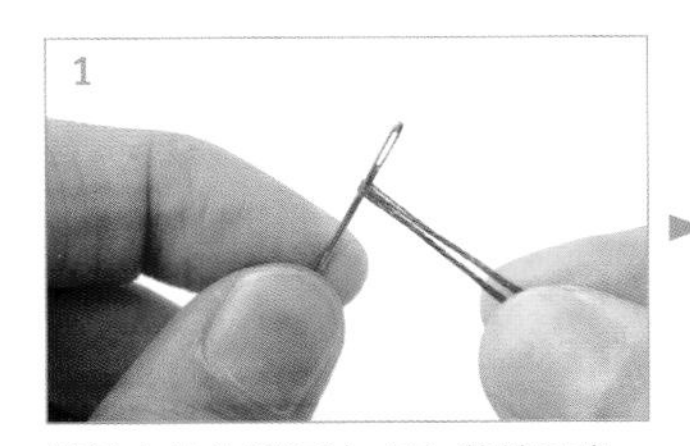

將線由針的側面拉一下,將線壓出一條摺線。

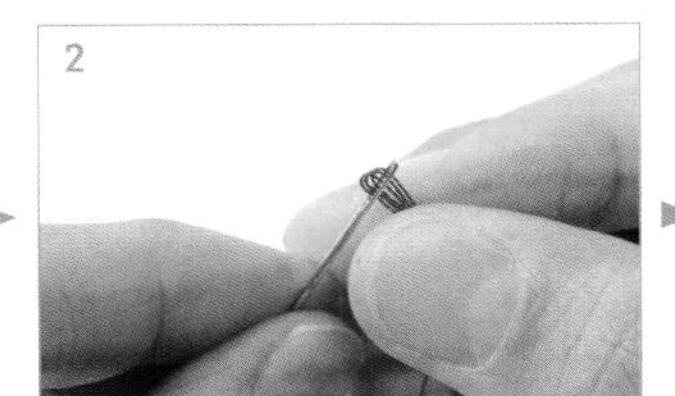

將摺線處穿過針孔。

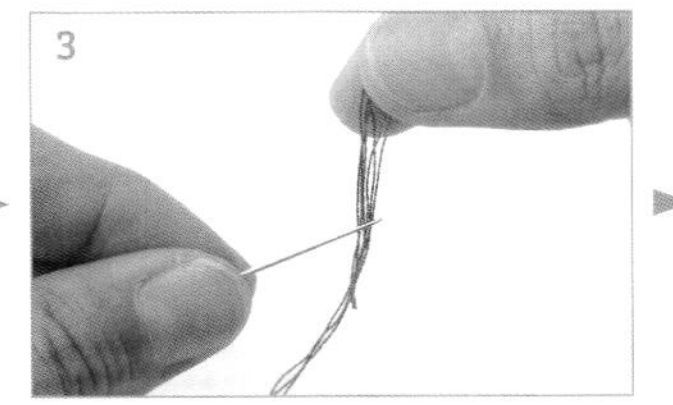

輕輕將線拉過去。

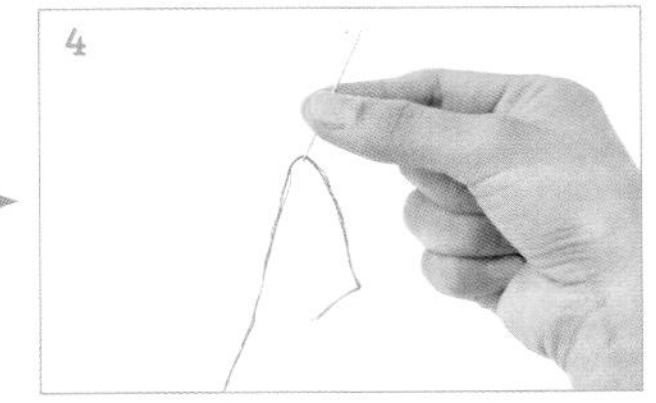

線頭穿過10cm左右的樣子。

• 打結的方式

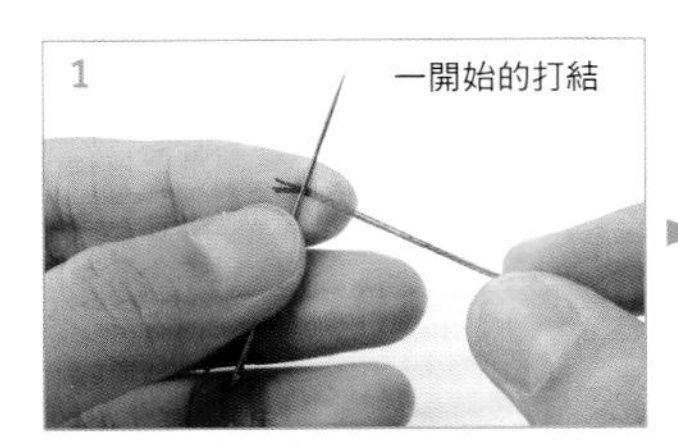

將針放在線頭上。

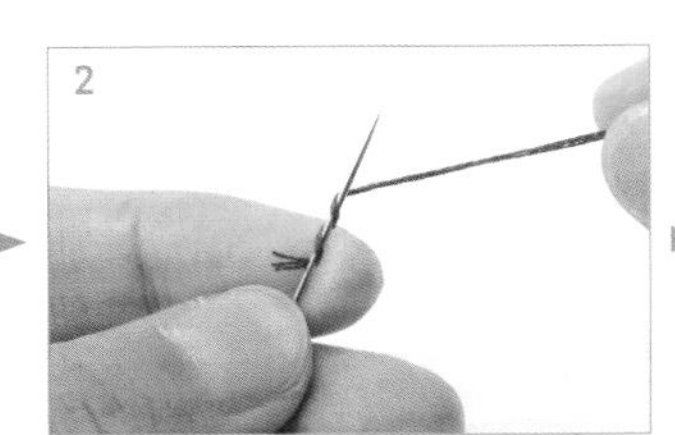

將線纏繞在針上1至2圈。

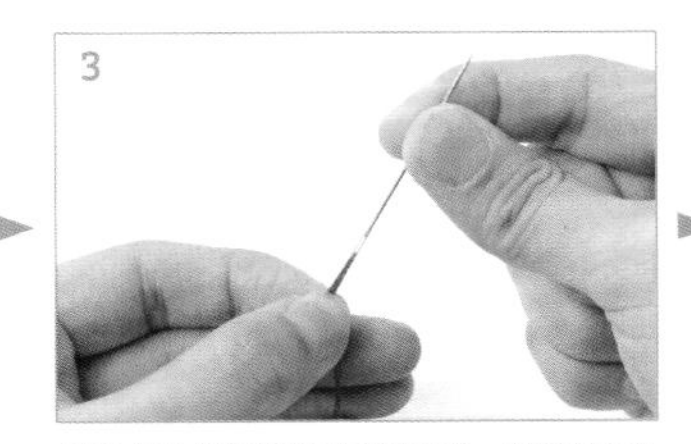

以手指壓著捲起來的部分,將針抽出來。

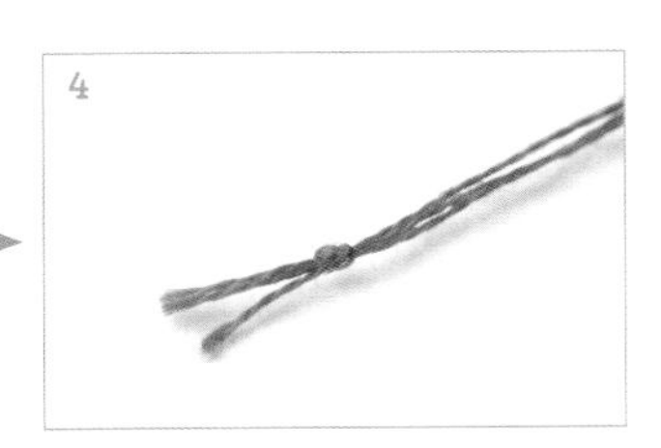

打結完成。

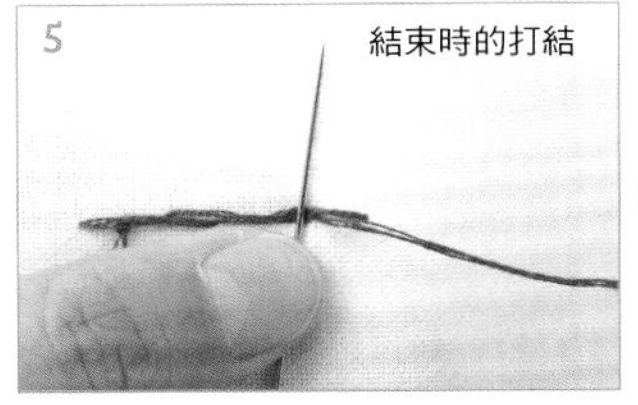

將針放在刺繡結束的位置(背面)。

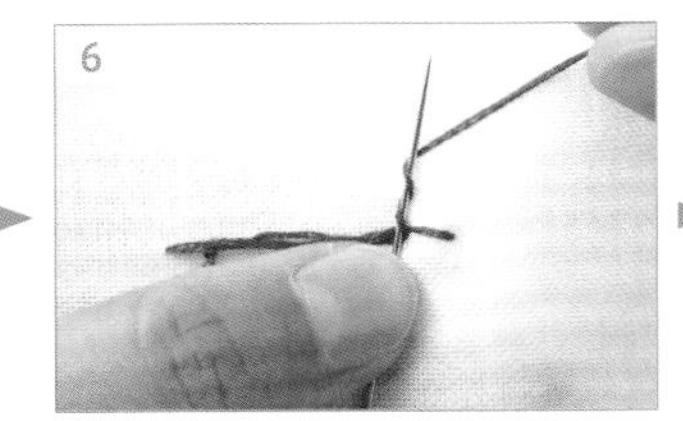

將線纏繞在針上1至2圈。

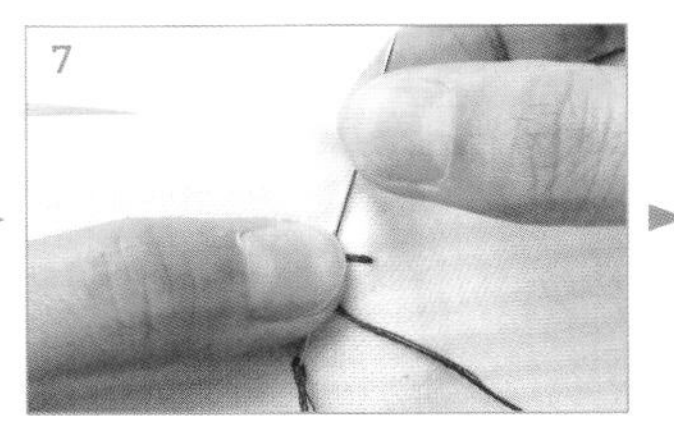

以手指壓著捲起來的部分,將針抽出來。

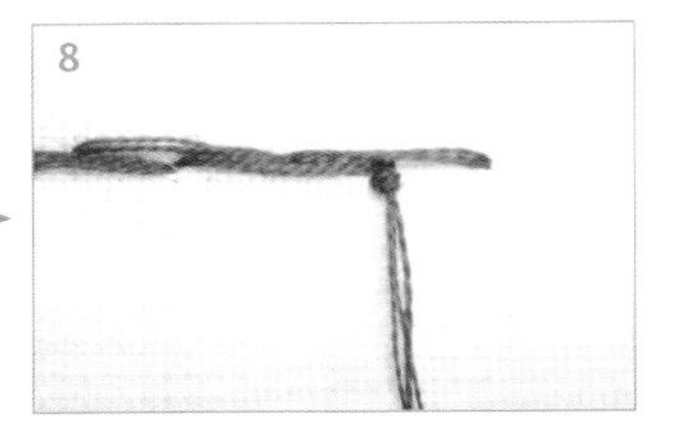

打結完成。

繡線的股數 & 圖案樣貌

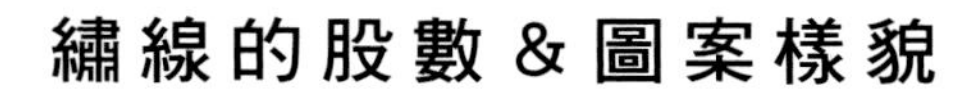 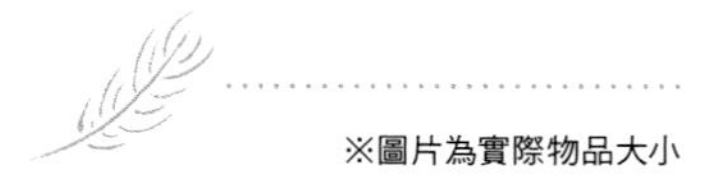

※圖片為實際物品大小

繡線股數 請以指定的股數,將25號繡線分開後進行刺繡。

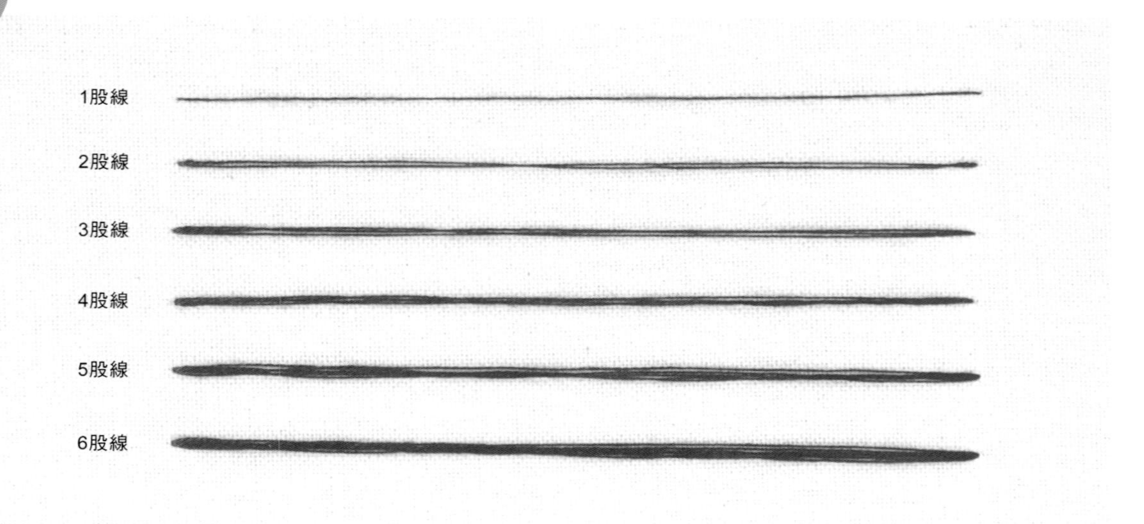

1股線

2股線

3股線

4股線

5股線

6股線

**樣貌
不同之處** 即使是相同的針法,若線的股數或捲線的次數不同,完成的樣貌也會大相逕庭。
以下介紹線、點、填滿整面的刺繡範例。若想自己創作,還請多加參考。

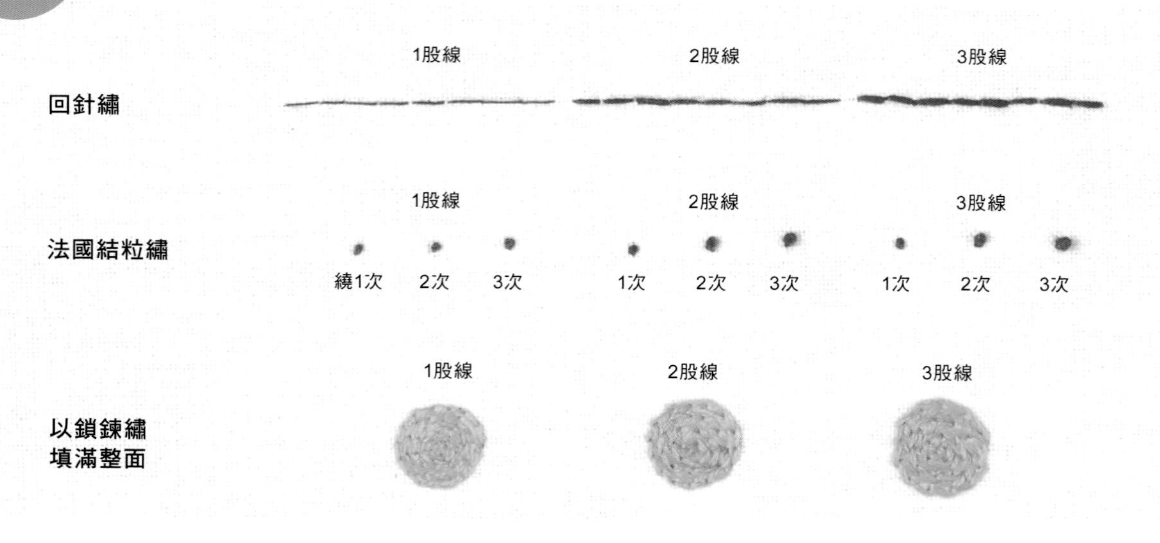

	1股線	2股線	3股線
回針繡			

法國結粒繡 1股線 2股線 3股線
繞1次 2次 3次 / 1次 2次 3次 / 1次 2次 3次

以鎖鍊繡
填滿整面 1股線 2股線 3股線

作品的正面與背面

請注意在收拾線頭時，請勿讓針腳露到布料正面。
有時從正面也會因為透光而能看到背面的線，因此若相同顏色的線要繡的地方稍微有些距離時，就讓它
從其他線後面穿過，或剪斷線之後，從另一點重新開始刺繡，會比較美麗。

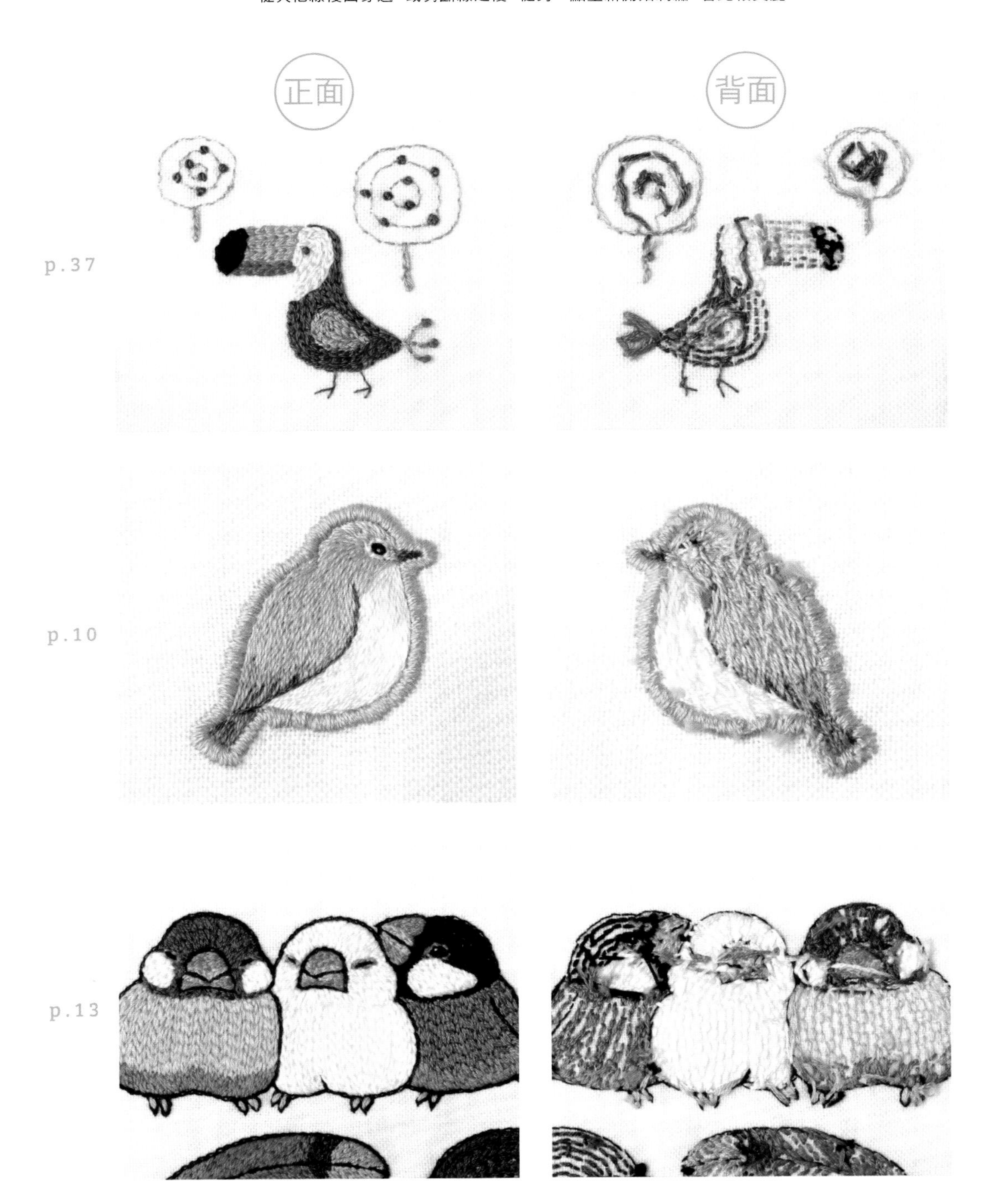

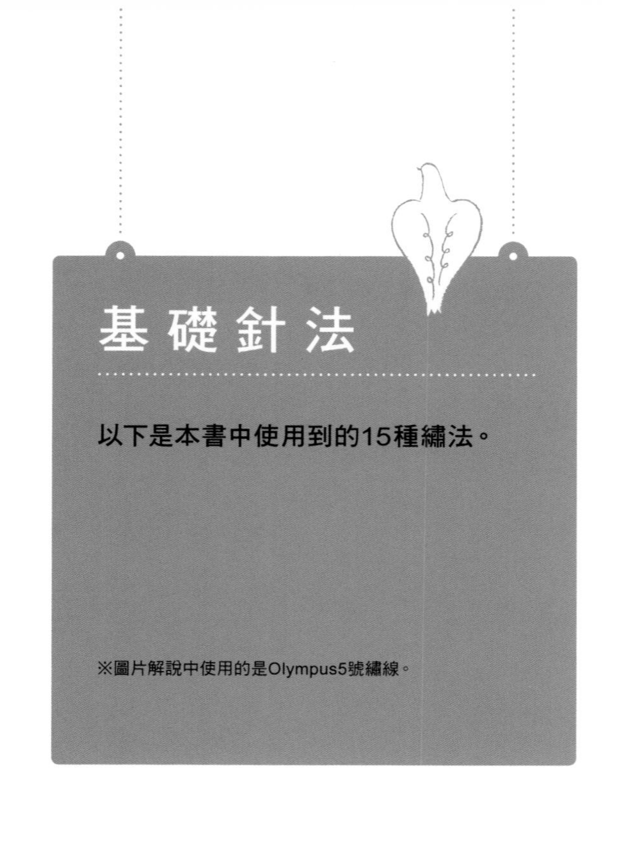

基礎針法

以下是本書中使用到的15種繡法。

※圖片解說中使用的是Olympus5號繡線。

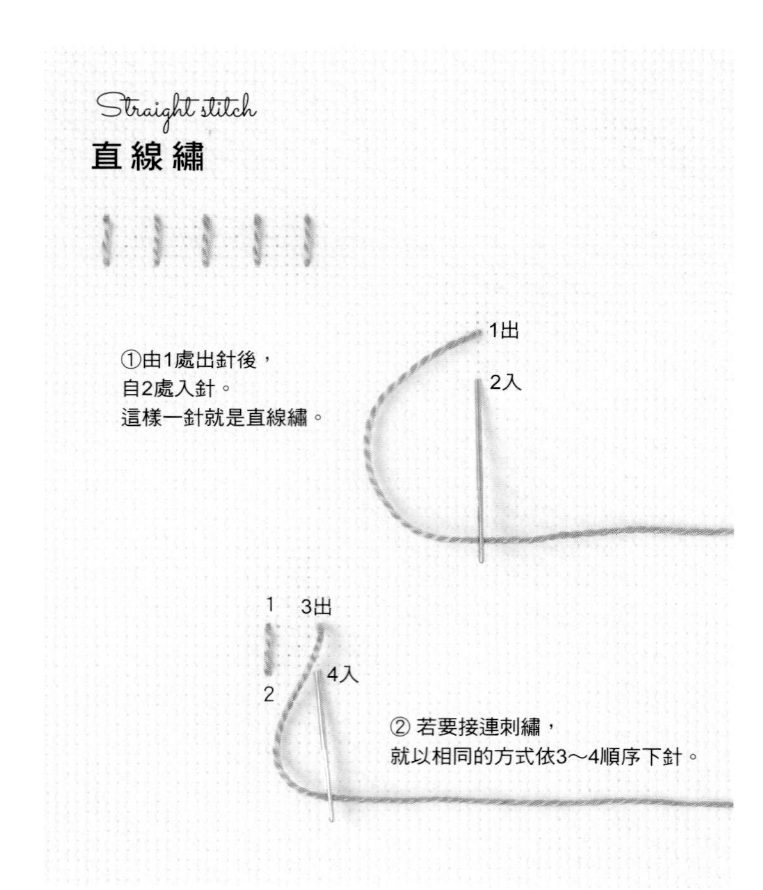

Straight stitch

直線繡

①由1處出針後，
自2處入針。
這樣一針就是直線繡。

② 若要接連刺繡，
就以相同的方式依3～4順序下針。

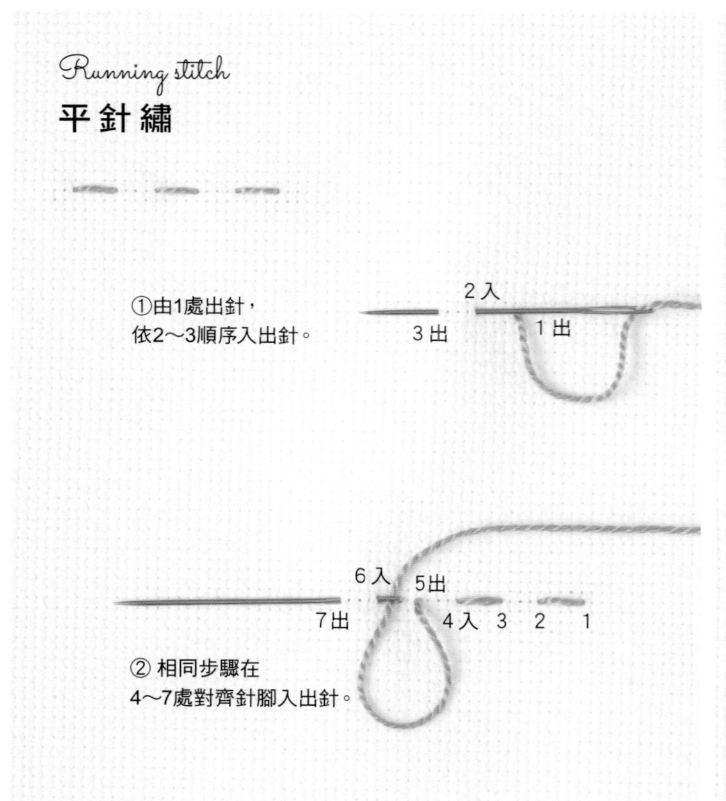

Running stitch

平針繡

①由1處出針，
依2～3順序入出針。

② 相同步驟在
4～7處對齊針腳入出針。

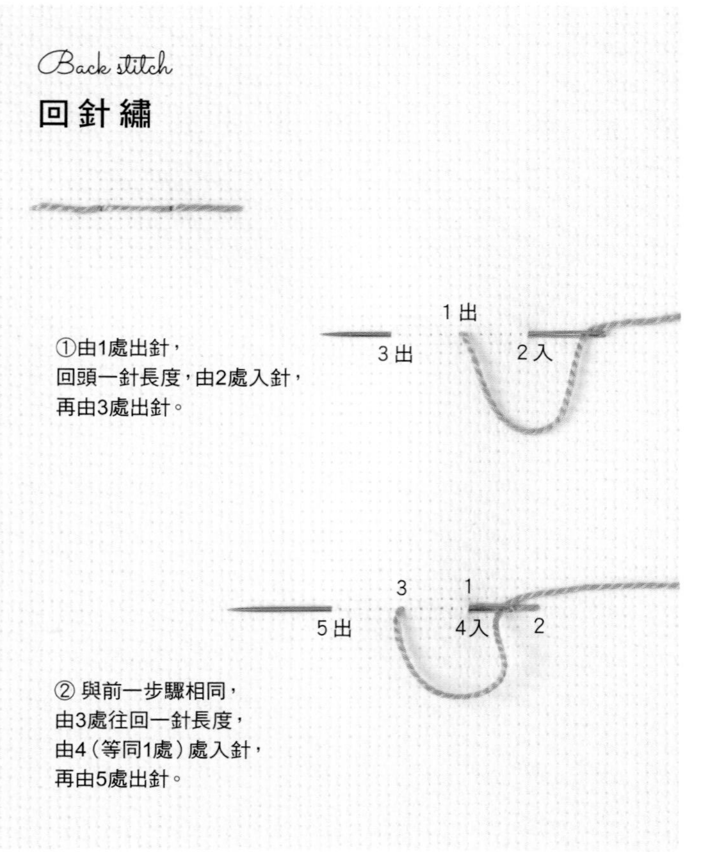

Back stitch

回針繡

①由1處出針，
回頭一針長度，由2處入針，
再由3處出針。

② 與前一步驟相同，
由3處往回一針長度，
由4（等同1處）處入針，
再由5處出針。

Outline stitch
輪 廓 繡

※由左向右刺繡。

①由1處出針,
並由1處往距離一針長度處的2入針,
再從一半長度處的3處出針。

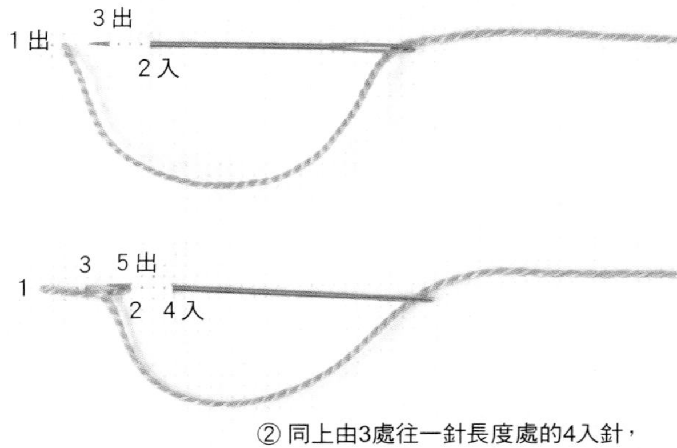

② 同上由3處往一針長度處的4入針,
再從一半長度的5(等同2的位置)出針。

Chain stitch
鎖 鍊 繡

①由1處出針,
再由2(與1為同一處)入針,
最後由3出針。將針頭放在線上,
把針往上拉出。

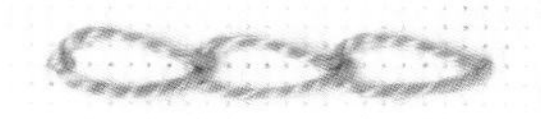

② 一樣在4~5處下針,
將針頭放在線上,
把針往上拉出。

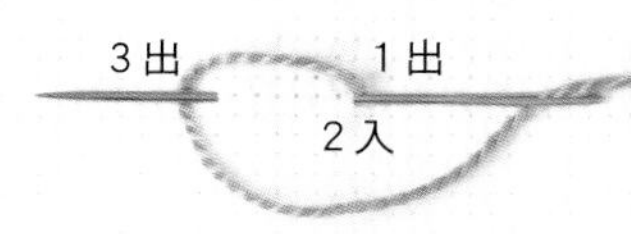

③ 最後入針至8(比7前面一點的
位置)。

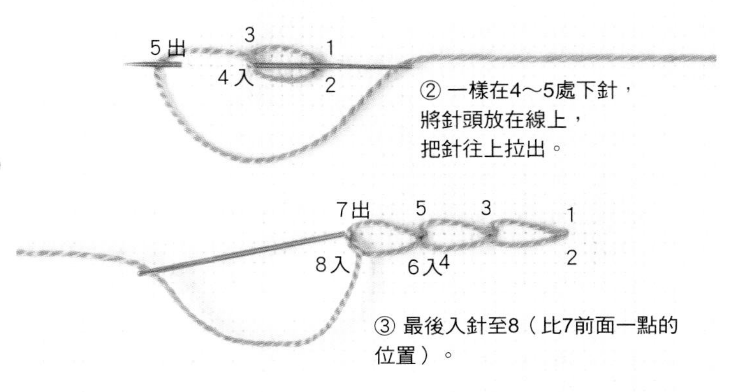

French knots stitch
法 國 結 粒 繡

繞 2 次

①由1處出針,
將線在針頭上繞兩圈。

② 將針拉起來,
下針至2(比1稍微上面一些
的位置)。

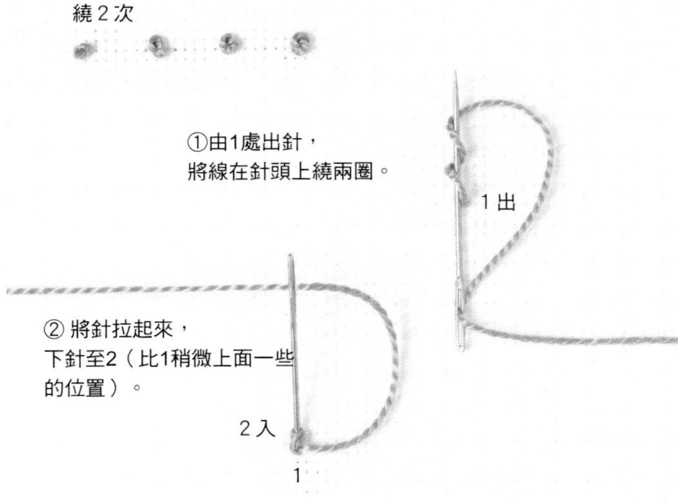

①在步驟①中若只繞1次,
就會變成比較小的尺寸。

繞 1 次

Lazydaisies stitch
雛 菊 繡

①由1處出針,
下針至2(與1為同一處),
再由3處出針。將針頭放在線上,
將針往上拉出。

② 下針至4(比3稍微前面一些的位置)。

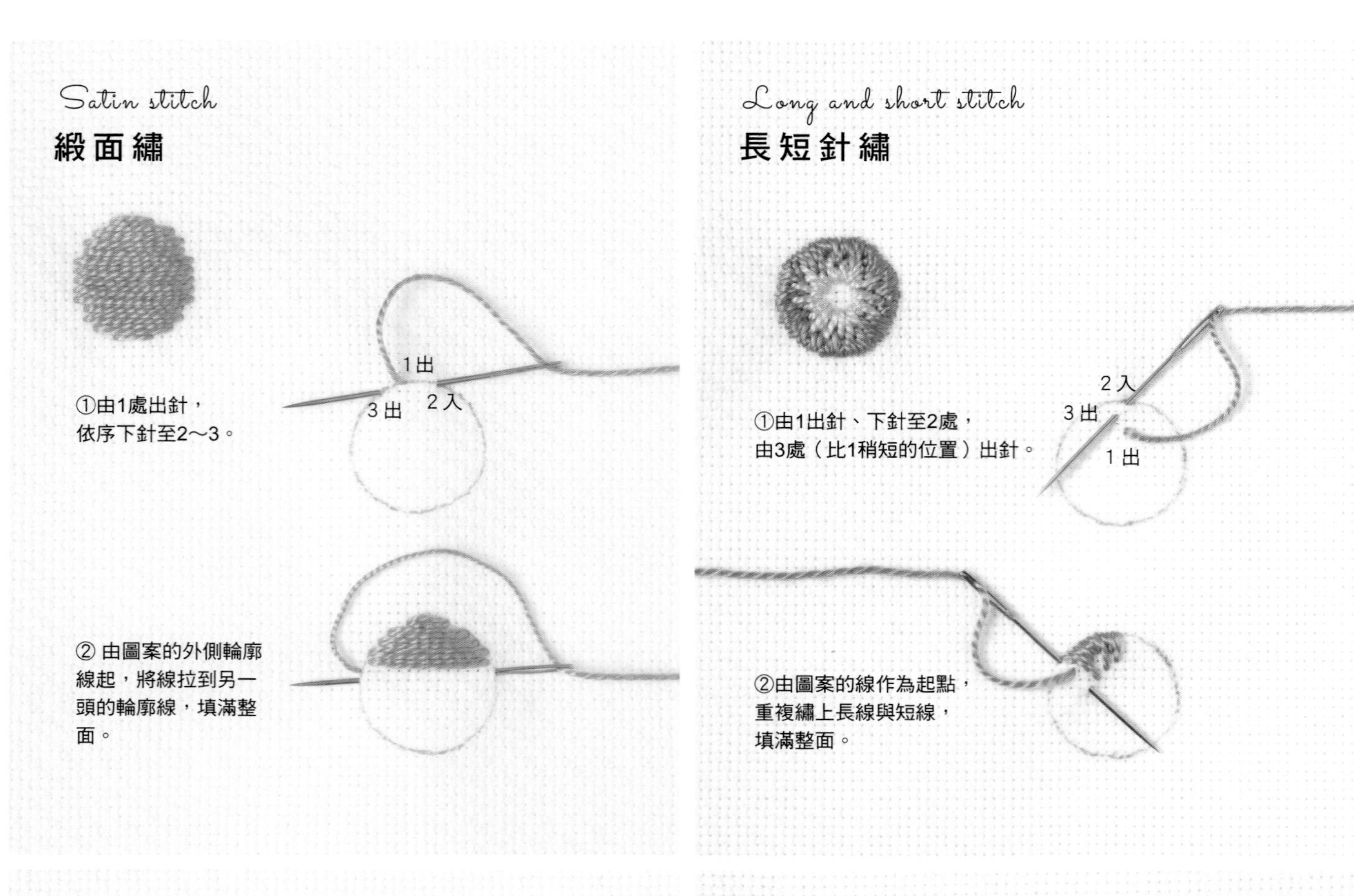

Satin stitch

緞面繡

①由1處出針，
依序下針至2～3。

1出
3出　2入

② 由圖案的外側輪廓
線起，將線拉到另一
頭的輪廓線，填滿整
面。

Long and short stitch

長短針繡

①由1出針、下針至2處，
由3處（比1稍短的位置）出針。

2入
3出
1出

②由圖案的線作為起點，
重複繡上長線與短線，
填滿整面。

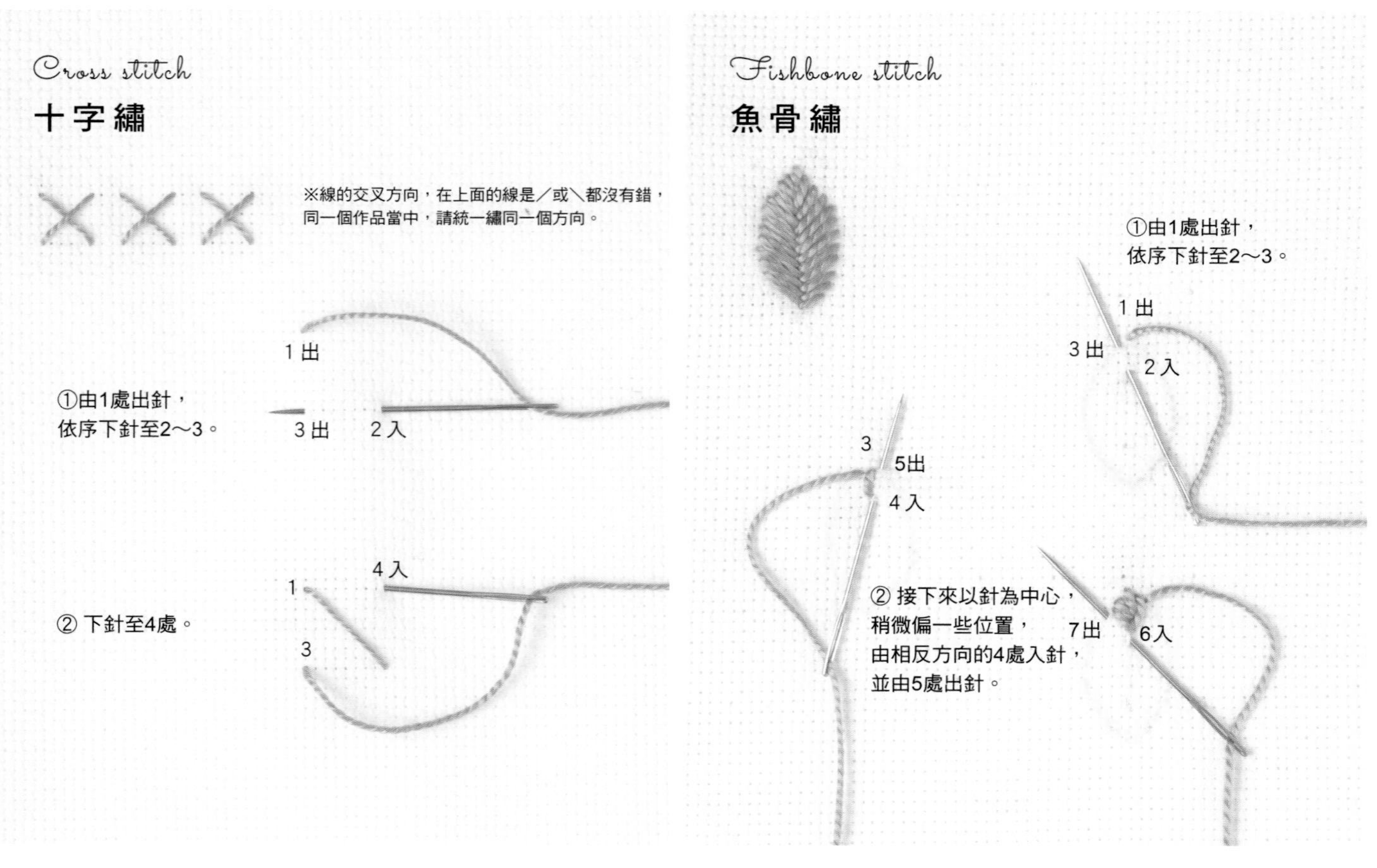

Cross stitch

十字繡

※線的交叉方向，在上面的線是／或＼都沒有錯，
同一個作品當中，請統一繡同一個方向。

①由1處出針，
依序下針至2～3。

1出
3出　2入

② 下針至4處。

4入
1
3

Fishbone stitch

魚骨繡

①由1處出針，
依序下針至2～3。

1出
3出
2入

3
5出
4入

② 接下來以針為中心，
稍微偏一些位置，
由相反方向的4處入針，
並由5處出針。

7出　6入

Bullon stitch
捲線繡

①由1處出針，
依序下針至2～3
（與1為同一處）。

1出
3出
2入

1 3
2

②將線纏繞指定次數
在針頭上，
輕輕壓著纏好的線，
一邊將針抽出來。

1 3
4入 2

③將針下至與2相同
的位置。

Coaching stitch
釘線繡

※此處使用兩種顏色的繡線解說
（實際製作請使用相同顏色進行刺繡）。

3出
2入
A出

①將第一色（主色）的線由A拉出，
輕輕放在圖案位置上。
將第二色（搭配色）的線由1出針，
下針至1處正下方的2後，由3處出針。

5出
B入
3 1
6入4入 2
A

Fly stitch
飛羽繡

1出
2入
3出

①由1處出針，
將線由下方拉過去的同時，
依序下針至2～3。

1 2
3
4入

Blanket stitch
毛邊繡

①由1處出針，
將線由上方拉過去的
同時，依序下針至
2～3。

1出 3出
2入

3
1 5出
2 4入

②以相同方法
下針至4～5處。

白腹鸚哥

Photo：p.8

數字為顏色編號。○內是線的股數。線若無指定，則使用單股。未指定針法，則進行長短針繡。眼睛若無指定皆如下，黑色眼睛：緞面繡900、紅線：回針繡1052、眼神：由上而下直線繡800、眼睛周圍：（A）回針繡733、（B）回針繡452。

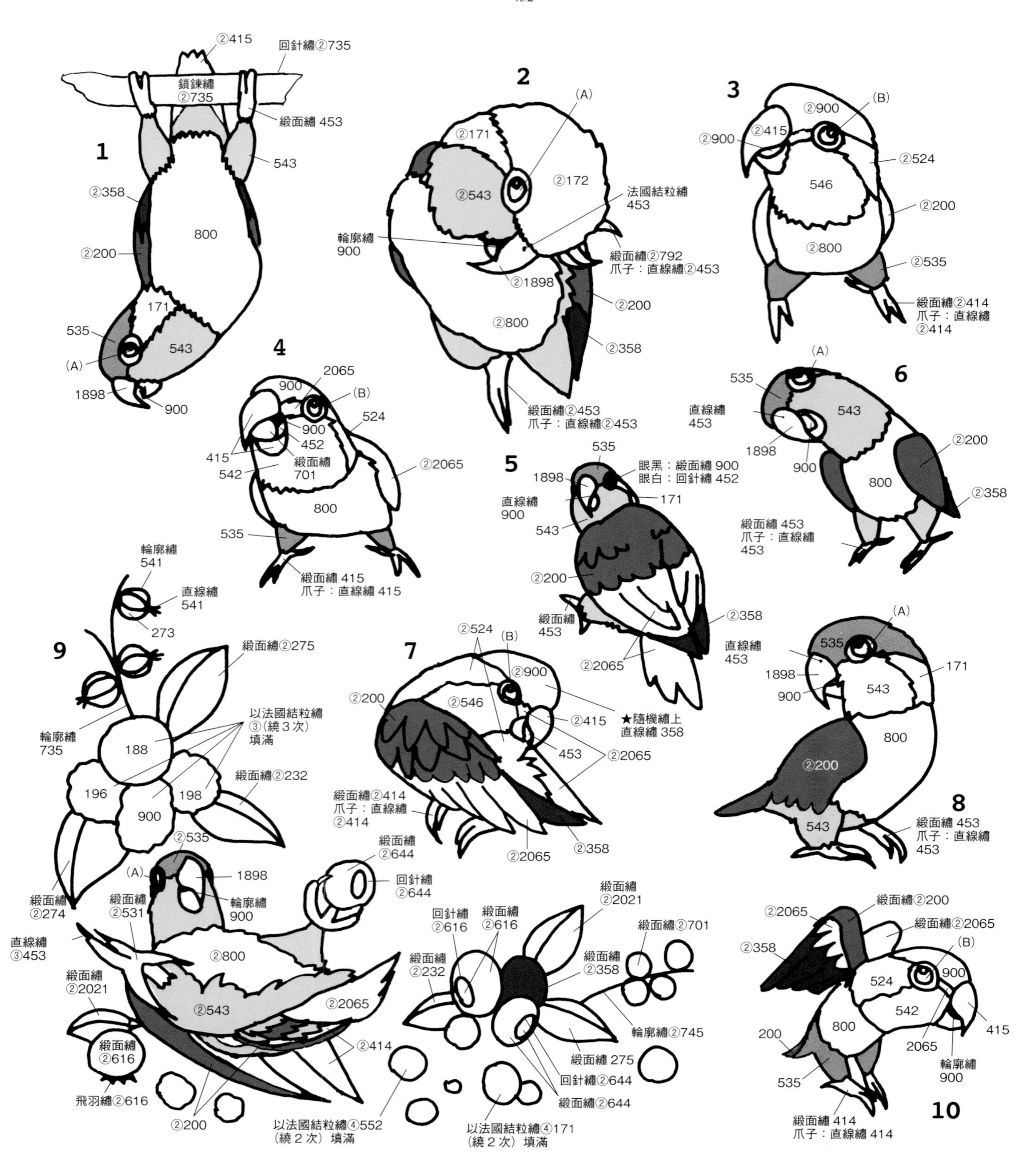

1

②415
鎖鍊繡 ②735
回針繡 ②735
緞面繡 453
543
②358
800
②200
171
535
543
（A）
1898
900

2

②171
②543
（A）
②172
輪廓繡 900
②1898
②800
法國結粒繡 453
緞面繡 ②792
爪子：直線繡 ②453
②200
②358
緞面繡②453
爪子：直線繡②453

3

②900
②415
②900
（B）
②524
546
②200
②800
②535
緞面繡②414
爪子：直線繡②414

4

2065
900
（B）
900
452
524
415
542
緞面繡 701
②2065
800
535
緞面繡 415
爪子：直線繡 415

5

1898
535
直線繡 900
543
171
眼黑：緞面繡 900
眼白：回針繡 452
②200
緞面繡 453
②2065
②358
直線繡 453
★隨機繡上直線繡 358

6

（A）
535
543
直線繡 453
1898
900
②200
800
②358
緞面繡 453
爪子：直線繡 453

7

②524
（B）
②200
②900
②546
②415
453
②2065
緞面繡②414
爪子：直線繡②414
②2065
②358

8

（A）
535
171
1898
900
543
800
②200
543
緞面繡 453
爪子：直線繡 453

9

輪廓繡 541
直線繡 541
273
緞面繡②275
輪廓繡 735
188
以法國結粒繡③（繞3次）填滿
196
198
緞面繡②232
900
②535
（A）
1898
輪廓繡 900
緞面繡②274
緞面繡②531
②800
直線繡③453
緞面繡②2021
②543
②2065
緞面繡②616
飛羽繡②616
②200
②414
以法國結粒繡④552（繞2次）填滿

回針繡②616
緞面繡②616
緞面繡②2021
緞面繡②358
緞面繡②701
回針繡②644
緞面繡②644
緞面繡②232
輪廓繡②745
緞面繡 275
回針繡②644
緞面繡②644
以法國結粒繡④171（繞2次）填滿

10

緞面繡②200
②2065
緞面繡②2065
（B）
②358
524
542
②2065
900
800
200
415
535
輪廓繡 900
緞面繡 414
爪子：直線繡 414

數字為顏色編號。○內是線的股數。線若無指定，則使用單股。未指定針法，則進行長短針繡。眼睛的紅線為回針繡156、眼神光：由上而下直線繡801。

文鳥與斑胸草雀

Photo：p.9

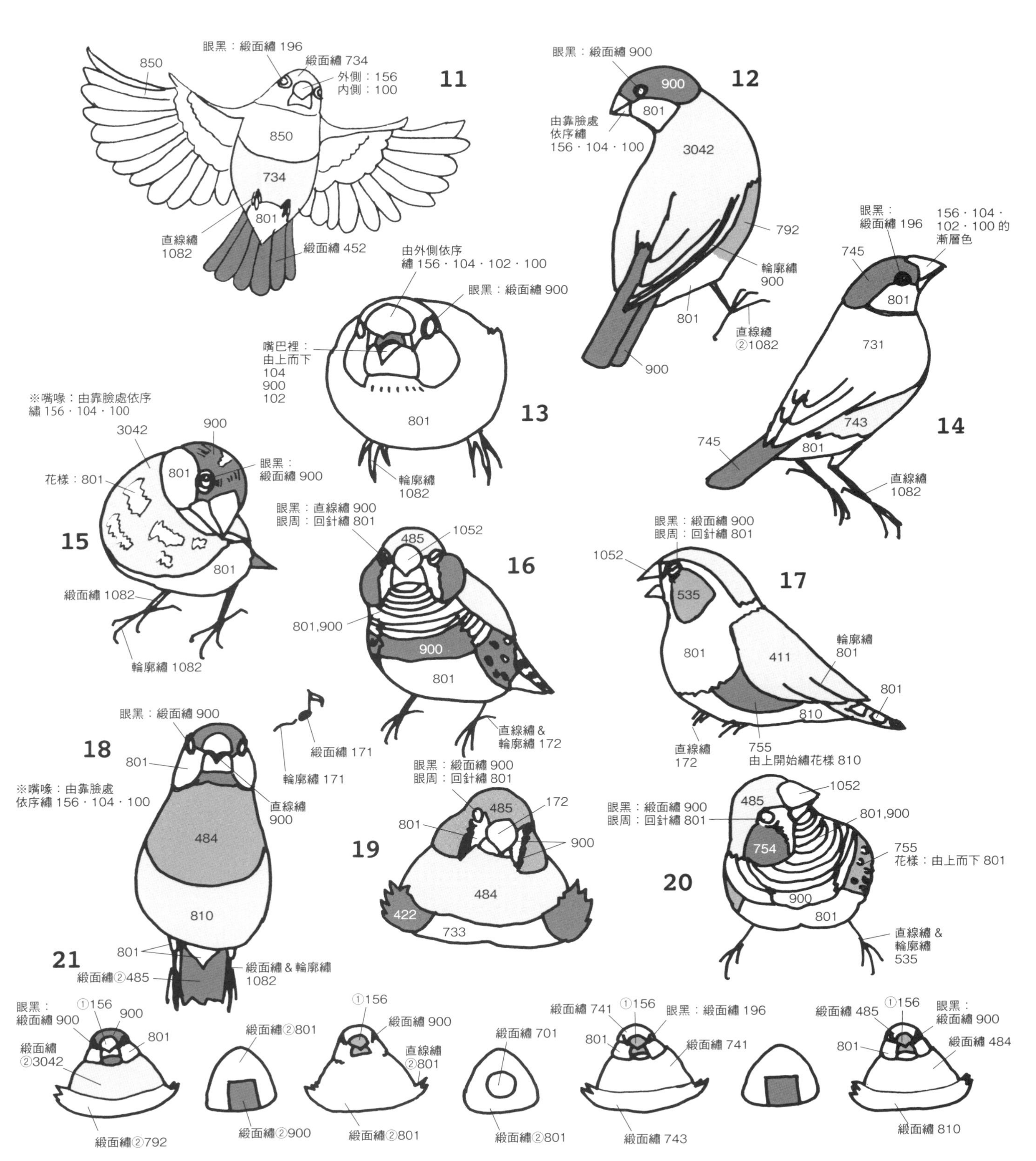

眼黑：緞面繡 196
緞面繡 734
外側：156
內側：100
11
850
850
734
801
直線繡 1082
緞面繡 452

眼黑：緞面繡 900
900
801
12
3042
792
輪廓繡 900
801
直線繡 ②1082
900

眼黑：緞面繡 196
156・104・102・100 的漸層色
745
801
731
14
745
743
801
直線繡 1082

由外側依序繡 156・104・102・100
眼黑：緞面繡 900
嘴巴裡：由上而下 104 900 102
13
801
輪廓繡 1082

※嘴喙：由靠臉處依序繡 156・104・100
3042
900
花樣：801
801
眼黑：緞面繡 900
15
801
緞面繡 1082
輪廓繡 1082

眼黑：直線繡 900
眼周：回針繡 801
485
1052
16
801,900
900
801
直線繡 & 輪廓繡 172

眼黑：緞面繡 900
眼周：回針繡 801
1052
535
17
801
411
801
810
755
由上開始繡花樣 810
直線繡 172

眼黑：緞面繡 900
801
緞面繡 171
輪廓繡 171
直線繡 900
18
484
810
801
緞面繡 ②485
緞面繡 & 輪廓繡 1082
21

眼黑：緞面繡 900
眼周：回針繡 801
485
172
801
900
19
484
422
733

眼黑：緞面繡 900
眼周：回針繡 801
485
1052
801,900
754
755
花樣：由上而下 801
900
801
20
直線繡 & 輪廓繡 535

眼黑：緞面繡 900
①156
900
801
緞面繡 ②3042
緞面繡 ②792

①156
緞面繡 ②801
緞面繡 900
緞面繡 ②900

①156
緞面繡 900
直線繡 ②801
緞面繡 ②801

緞面繡 701
緞面繡 ②801

緞面繡 741
①156
眼黑：緞面繡 196
801
緞面繡 741
緞面繡 743

緞面繡 485
①156
眼黑：緞面繡 900
801
緞面繡 484
緞面繡 810

五彩繽紛的外框

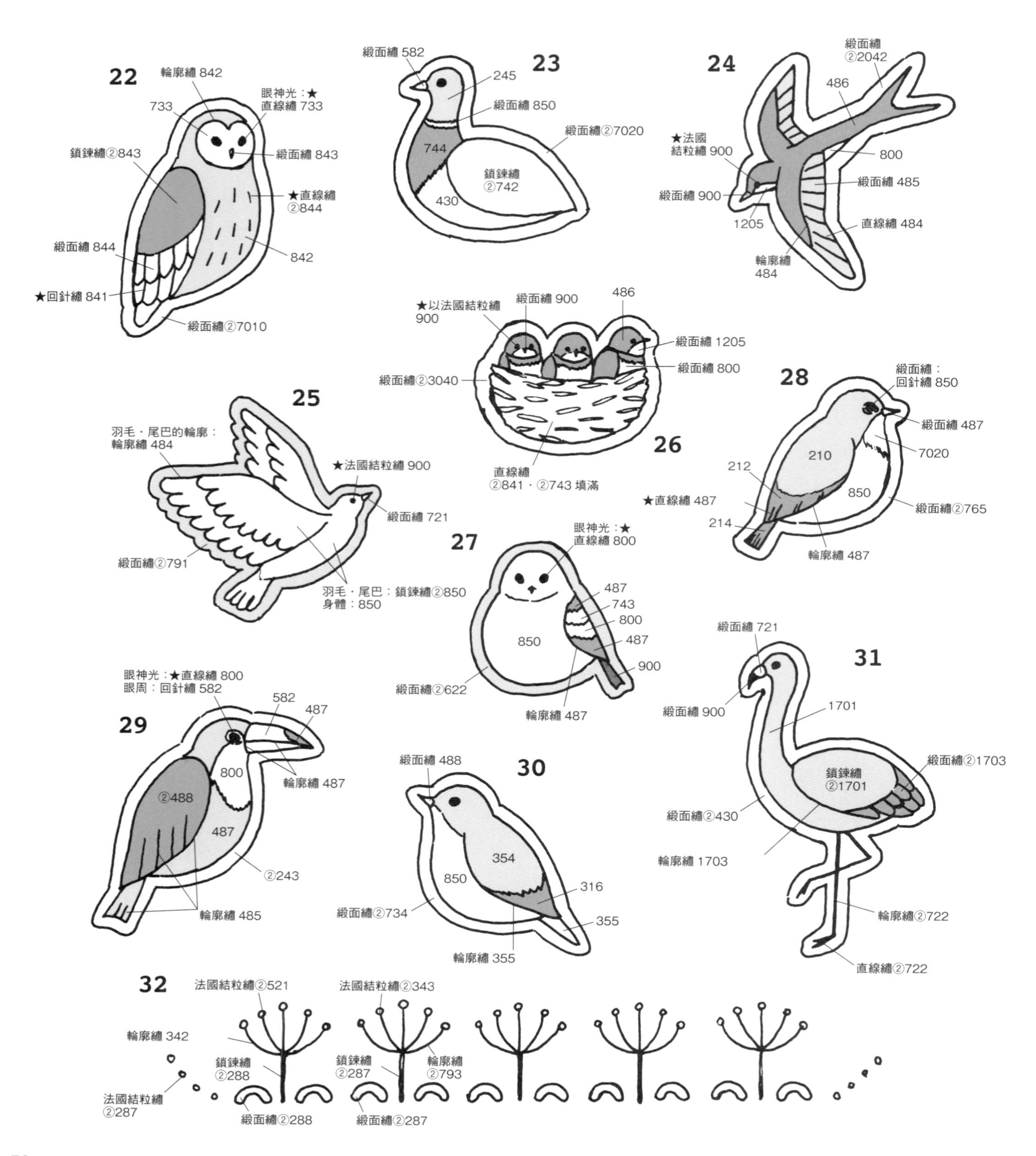

22
輪廓繡 842
733
眼神光：★
直線繡 733
鎖鍊繡②843
緞面繡 843
★直線繡
②844
緞面繡 844
★回針繡 841
緞面繡②7010
842

23
緞面繡 582
245
緞面繡 850
緞面繡②7020
744
鎖鍊繡
②742
430

24
緞面繡
②2042
486
★法國
結粒繡 900
800
緞面繡 900
緞面繡 485
1205
直線繡 484
輪廓繡
484

25
羽毛・尾巴的輪廓：
輪廓繡 484
★法國結粒繡 900
緞面繡 721
緞面繡②791
羽毛・尾巴：鎖鍊繡②850
身體：850

26
★以法國結粒繡
900
緞面繡 900
486
緞面繡 1205
緞面繡②3040
緞面繡 800
直線繡
②841・②743 填滿
★直線繡 487

27
眼神光：★
直線繡 800
487
743
800
487
850
900
緞面繡②622
輪廓繡 487

28
緞面繡：
回針繡 850
緞面繡 487
7020
210
212
850
緞面繡②765
214
輪廓繡 487

29
眼神光：★直線繡 800
眼周：回針繡 582
582
487
800
輪廓繡 487
②488
487
②243
輪廓繡 485

30
緞面繡 488
354
850
316
緞面繡②734
355
輪廓繡 355

31
緞面繡 721
1701
緞面繡 900
緞面繡②1703
鎖鍊繡
②1701
緞面繡②430
輪廓繡 1703
輪廓繡②722
直線繡②722

32
法國結粒繡②521
法國結粒繡②343
輪廓繡 342
鎖鍊繡
②288
鎖鍊繡
②287
輪廓繡
②793
法國結粒繡
②287
緞面繡②288
緞面繡②287

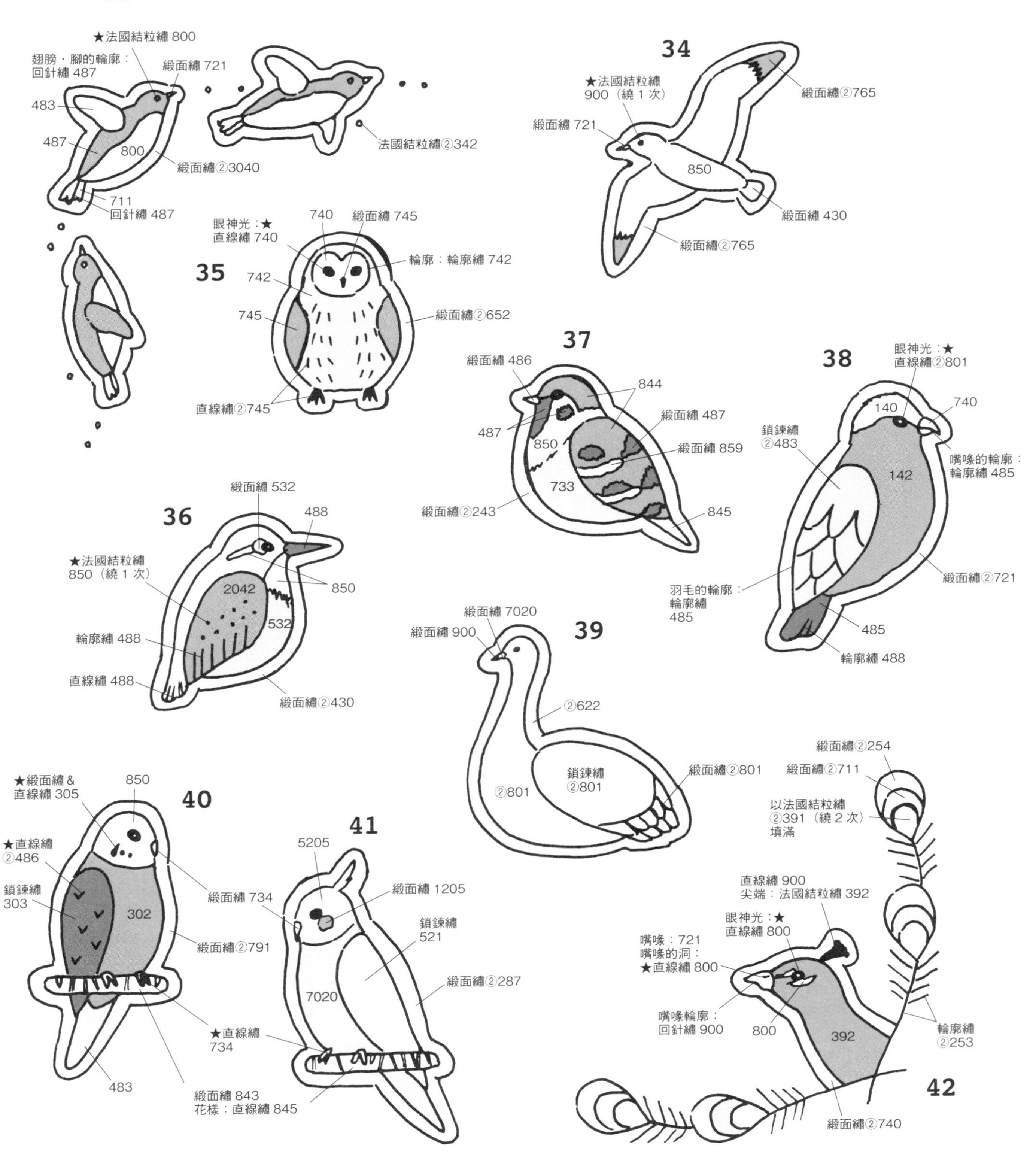

數字為顏色編號。○內是線的股數。線若無指定，則使用單股。未指定針法，則進行長短針繡。由上往下刺繡者會有★記號。眼睛：緞面繡②900、眼神光：★直線繡850、法國結粒繡都繞2次。

33

★法國結粒繡 800
翅膀・腳的輪廓：回針繡 487
483
487
緞面繡 721
800
緞面繡②3040
法國結粒繡②342
711
回針繡 487

眼神光：★直線繡 740
742
745
740
緞面繡 745
輪廓：輪廓繡 742
緞面繡②652
直線繡②745

35

34

★法國結粒繡 900（繞 1 次）
緞面繡 721
850
緞面繡②765
緞面繡 430
緞面繡②765

37

緞面繡 486
844
487
850
733
緞面繡②243
緞面繡 487
緞面繡 859
845

38

眼神光：★直線繡②801
140
740
鎖鍊繡②483
142
嘴喙的輪廓：輪廓繡 485
羽毛的輪廓：輪廓繡 485
緞面繡②721
485
輪廓繡 488

36

緞面繡 532
488
★法國結粒繡 850（繞 1 次）
2042
850
輪廓繡 488
532
直線繡 488
緞面繡②430

39

緞面繡 7020
緞面繡 900
②622
②801
鎖鍊繡②801
緞面繡②801

40

★緞面繡＆直線繡 305
850
★直線繡②486
鎖鍊繡 303
302
緞面繡 734
緞面繡②791
483

41

5205
緞面繡 1205
緞面繡 734
鎖鍊繡 521
7020
緞面繡②287
★直線繡 734
緞面繡 843
花樣：直線繡 845

42

緞面繡②254
緞面繡②711
以法國結粒繡②391（繞 2 次）填滿
直線繡 900
尖端：法國結粒繡 392
眼神光：★直線繡 800
嘴喙：721
嘴喙的洞：★直線繡 800
嘴喙輪廓：回針繡 900
800
392
輪廓繡②253
緞面繡②740

獨特而受歡迎的人氣鳥類

Photo：p.12

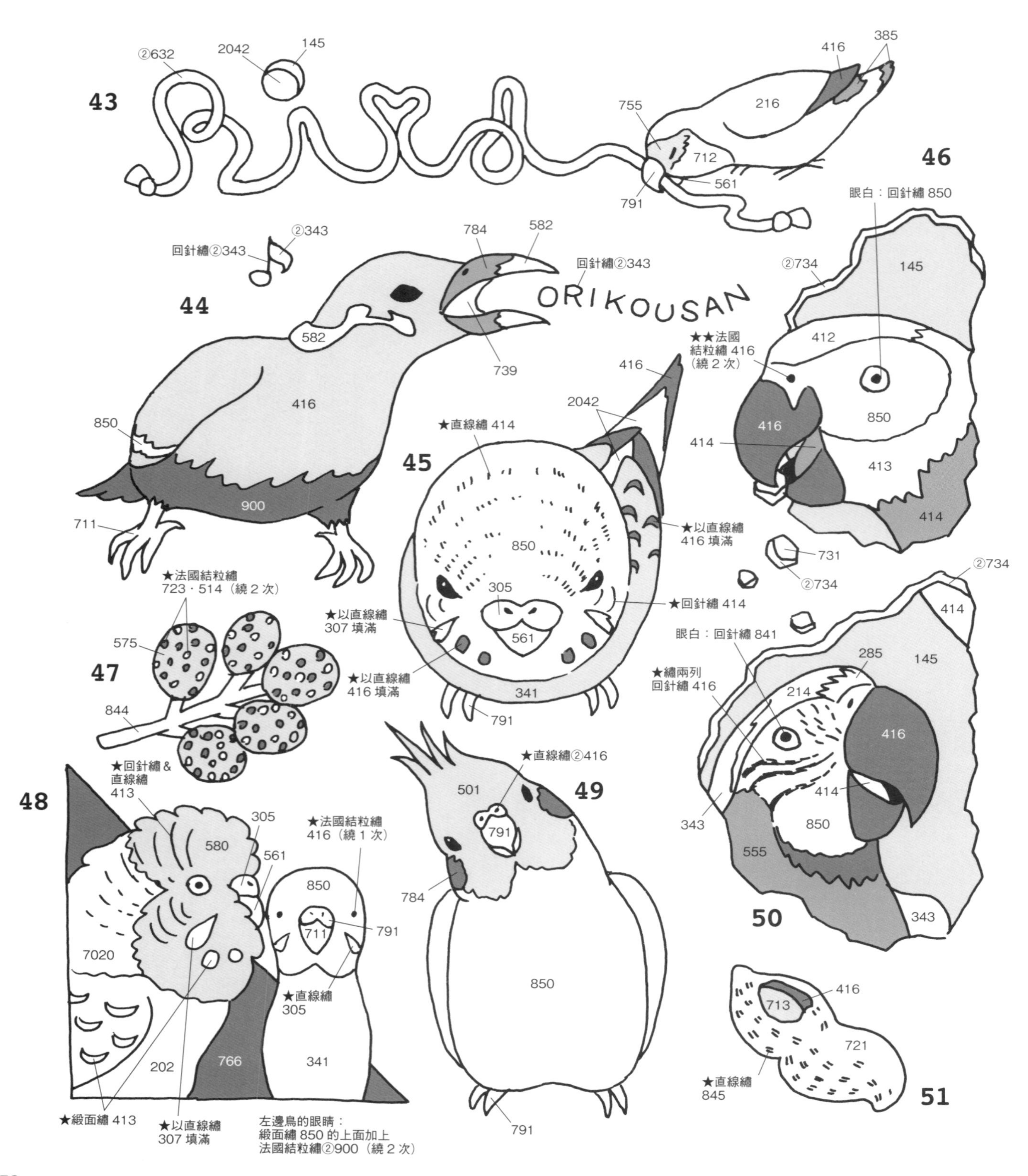

43

②632　2042　145

416　385

755　712　216

791　561

46

眼白：回針繡 850

②734　145

412

850

413

414

回針繡②343　②343

44

784　582

回針繡②343

582

ORIKOUSAN

850

416

900

711

739

416

2042

45

★直線繡 414

850

★以直線繡 416 填滿

★★法國結粒繡 416（繞 2 次）

414　416

731

②734

★法國結粒繡 723・514（繞 2 次）

575

47

844

305

305

★以直線繡 307 填滿

★以直線繡 416 填滿

561

341

791

★回針繡 414

眼白：回針繡 841

★繡兩列回針繡 416

②734

414

285　145

214

416

343

555　850　414　343

50

★回針繡 & 直線繡 413

48

580　305

561

305

★法國結粒繡 416（繞 1 次）

850

791

★直線繡 305

7020

202　766　341

711

★直線繡②416

501　791

784

49

850

★緞面繡 413　★以直線繡 307 填滿　左邊鳥的眼睛：緞面繡 850 的上面加上法國結粒繡②900（繞 2 次）

791

★直線繡 845

713　416

721

51

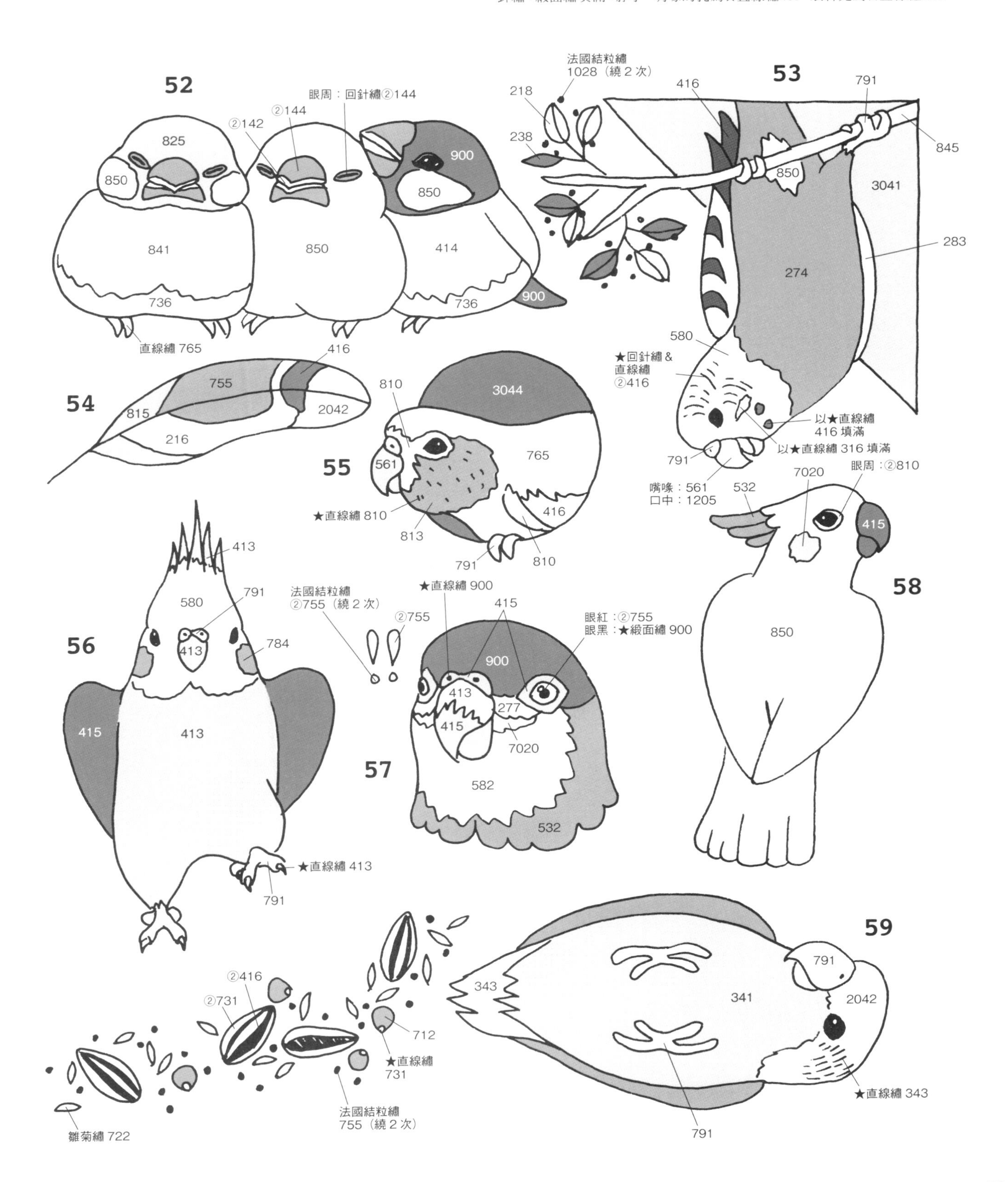

數字為顏色編號。○內是線的股數。輪廓為鎖鍊繡①900；未指定針法，則使用鎖鍊③刺繡。由上往下刺繡者會有★記號。無法使用鎖鍊繡刺繡的空隙就以回針繡、緞面繡填滿。脖子、嘴喙的孔為★直線繡416、眼神光為★直線繡850。

52

825
850
②142 ②144
眼周：回針繡②144
900
850
841
850
414
736
736
900
直線繡 765

53
法國結粒繡 1028（繞2次）
218
238
416
791
845
850
3041
274
283
580
★回針繡＆直線繡 ②416
以★直線繡 416 填滿
以★直線繡 316 填滿
791
嘴喙：561 口中：1205

54
755
815
2042
216

810
3044
561
765
813
416
791
810
★直線繡 810

55

56
413
580
791
413
784
415
413
★直線繡 413
791

法國結粒繡 ②755（繞2次）
②755
★直線繡 900
415
900
413
415
277
7020
582
532
眼紅：②755 眼黑：★緞面繡 900

57

7020
532
眼周：②810
415
850

58

②416
②731
712
★直線繡 731
法國結粒繡 755（繞2次）
雛菊繡 722
791

59
791
343
341
2042
★直線繡 343

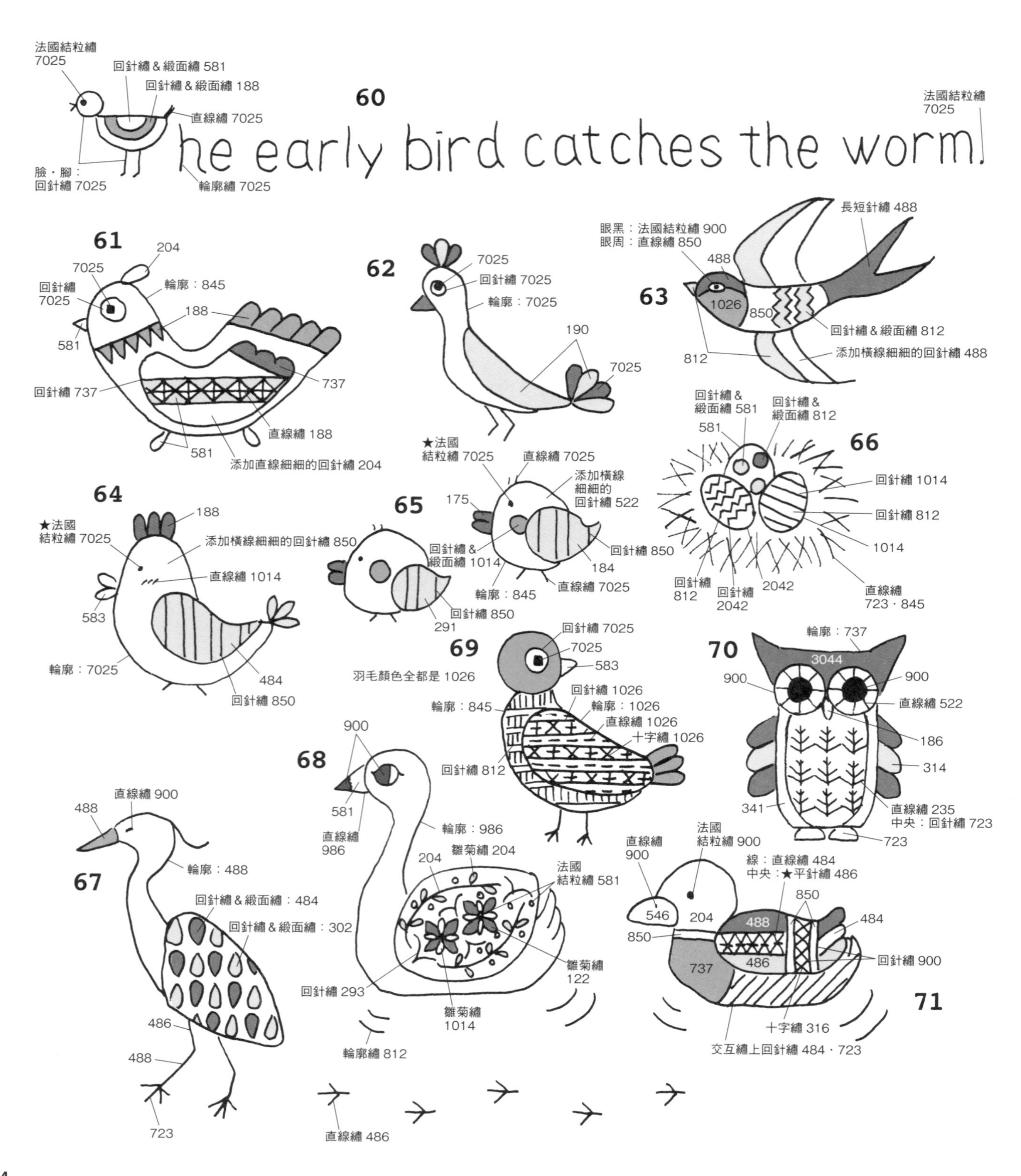

法國結粒繡 7025

回針繡＆緞面繡 581

回針繡＆緞面繡 188

直線繡 7025

臉・腳：回針繡 7025

輪廓繡 7025

60

The early bird catches the worm!

法國結粒繡 7025

61

204

7025

回針繡 7025

輪廓：845

188

581

回針繡 737

737

581

直線繡 188

添加直線細細的回針繡 204

62

7025

回針繡 7025

輪廓：7025

190

7025

眼黑：法國結粒繡 900
眼周：直線繡 850

63

長短針繡 488

488

1026

850

812

回針繡＆緞面繡 812

添加橫線細細的回針繡 488

64

★法國結粒繡 7025

188

添加橫線細細的回針繡 850

直線繡 1014

583

輪廓：7025

484

回針繡 850

65

★法國結粒繡 7025

直線繡 7025

175

添加橫線細細的回針繡 522

回針繡＆緞面繡 1014

184

輪廓：845

回針繡 850

291

直線繡 7025

66

回針繡＆緞面繡 581

581

回針繡＆緞面繡 812

回針繡 1014

回針繡 812

1014

回針繡 812

回針繡 2042

2042

直線繡 723・845

69

回針繡 7025

7025

583

羽毛顏色全都是 1026

輪廓：845

回針繡 1026

輪廓：1026

直線繡 1026

十字繡 1026

回針繡 812

70

輪廓：737

3044

900

900

直線繡 522

186

314

341

直線繡 235
中央：回針繡 723

723

68

900

581

直線繡 986

輪廓：986

204

雛菊繡 204

法國結粒繡 581

回針繡 293

雛菊繡 1014

雛菊繡 122

輪廓繡 812

67

直線繡 900

488

輪廓：488

回針繡＆緞面繡：484

回針繡＆緞面繡：302

486

488

723

直線繡 900

法國結粒繡 900

546

204

850

737

線：直線繡 484
中央：★平針繡 486

850

488

486

484

回針繡 900

十字繡 316

交互繡上回針繡 484・723

71

直線繡 486

數字為顏色編號。○內是線的股數。線若無指定，則使用兩股。整面都以緞面繡填滿；輪廓都是輪廓繡。由上往下刺繡者會有★記號。輪廓為回針繡、整面皆以緞面繡填滿時，為「回針繡&緞面繡」。法國結粒繡若無指定，皆為繞2次。眼黑部分若無指定皆為回針繡&緞面繡。

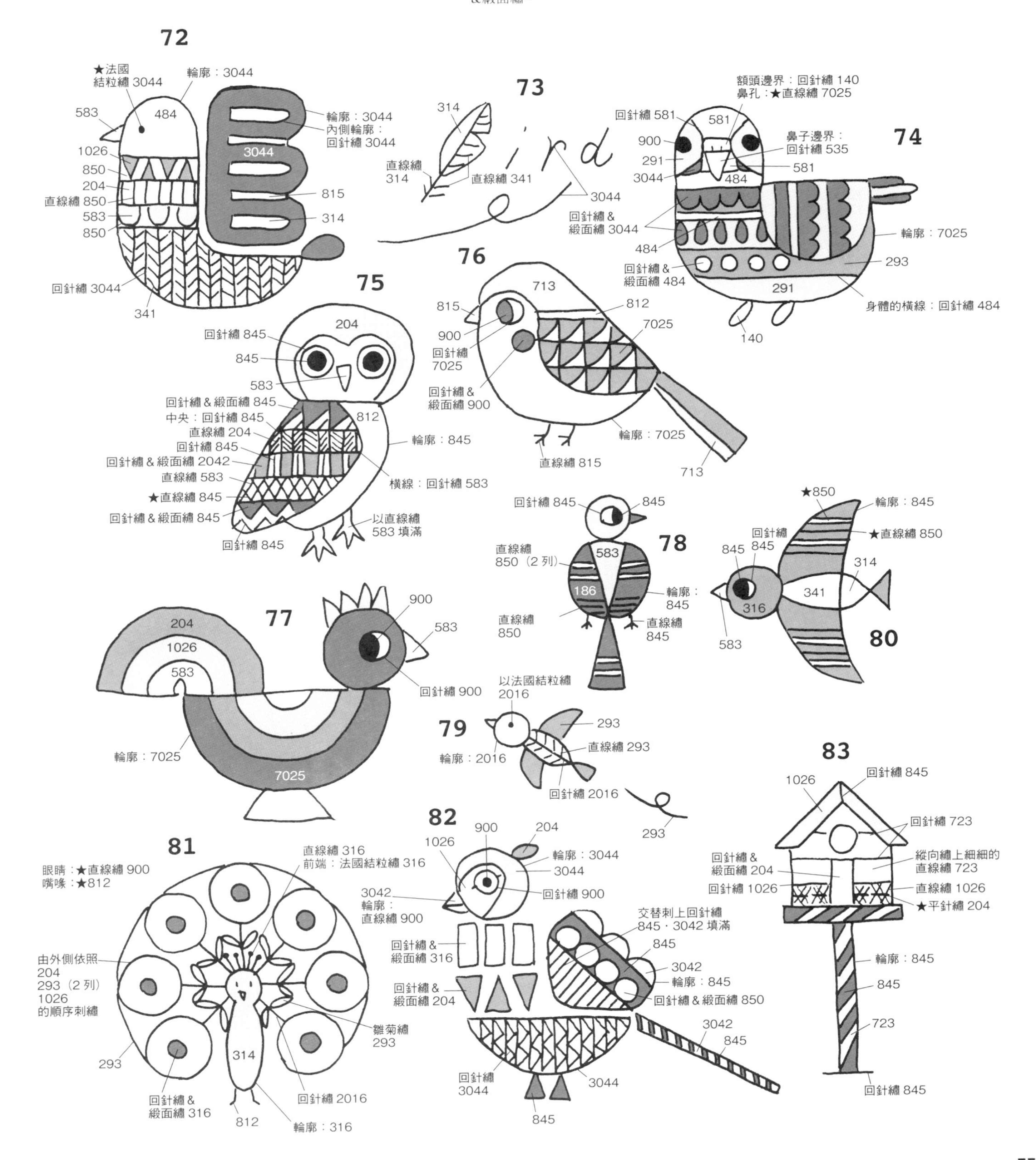

72
★法國結粒繡 3044
輪廓：3044
484
583
1026
850
204
直線繡 850
583
850
回針繡 3044
341
輪廓：3044
內側輪廓：回針繡 3044
3044
815
314

73
314
直線繡 314
直線繡 341
i r d
3044

74
額頭邊界：回針繡 140
鼻孔：★直線繡 7025
回針繡 581
581
900
291
3044
484
鼻子邊界：回針繡 535
581
回針繡&緞面繡 3044
484
回針繡&緞面繡 484
291
140
輪廓：7025
293
身體的橫線：回針繡 484

75
回針繡 845
204
845
583
回針繡&緞面繡 845
中央：回針繡 845
直線繡 204
回針繡 845
回針繡&緞面繡 2042
直線繡 583
★直線繡 845
回針繡&緞面繡 845
回針繡 845
812
輪廓：845
橫線：回針繡 583
以直線繡 583 填滿

76
713
815
900
回針繡 7025
回針繡&緞面繡 900
812
7025
輪廓：7025
直線繡 815
713

77
204
1026
583
900
583
回針繡 900
輪廓：7025
7025

78
回針繡 845
845
直線繡 850（2 列）
583
186
輪廓：845
直線繡 850
直線繡 845

79
以法國結粒繡 2016
293
直線繡 293
輪廓：2016
回針繡 2016
293

80
★850
輪廓：845
回針繡 845
845
★直線繡 850
314
341
316
583

81
眼睛：★直線繡 900
嘴喙：★812
直線繡 316
前端：法國結粒繡 316
由外側依照
204
293（2 列）
1026
的順序刺繡
293
回針繡&緞面繡 316
812
雛菊繡 293
回針繡 2016
輪廓：316
314

82
900
204
1026
輪廓：3044
3044
3042
輪廓：直線繡 900
回針繡 900
回針繡&緞面繡 316
回針繡&緞面繡 204
交替刺上回針繡 845・3042 填滿
845
3042
輪廓：845
回針繡&緞面繡 850
3042
845
回針繡 3044
3044
845

83
1026
回針繡 845
回針繡 723
回針繡&緞面繡 204
回針繡 1026
縱向繡上細細的直線繡 723
直線繡 1026
★平針繡 204
輪廓：845
845
723
回針繡 845

少女刺繡

Photo：p.16

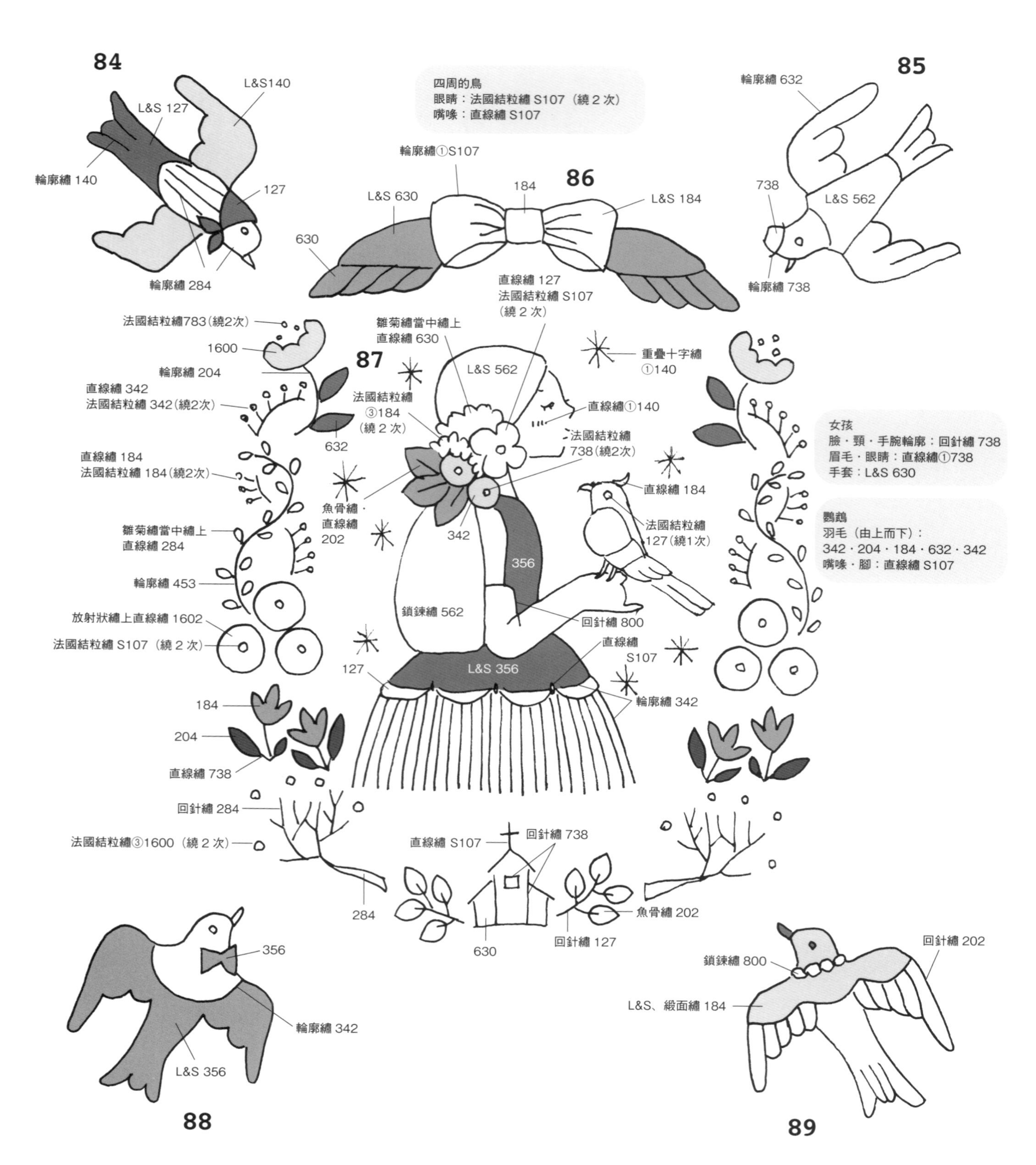

84
L&S 140
L&S 127
輪廓繡 140
127
輪廓繡 284

四周的鳥
眼睛：法國結粒繡 S107（繞 2 次）
嘴喙：直線繡 S107

輪廓繡①S107
86
L&S 630
184
L&S 184
630
直線繡 127
法國結粒繡 S107
（繞 2 次）

85
輪廓繡 632
738
L&S 562
輪廓繡 738

法國結粒繡783（繞2次）
1600
輪廓繡 204
直線繡 342
法國結粒繡 342（繞2次）
直線繡 184
法國結粒繡 184（繞2次）
雛菊繡當中繡上
直線繡 284
輪廓繡 453
放射狀繡上直線繡 1602
法國結粒繡 S107（繞 2 次）
184
204
直線繡 738
回針繡 284
法國結粒繡③1600（繞 2 次）
284

雛菊繡當中繡上
直線繡 630
87
L&S 562
法國結粒繡
③184
（繞 2 次）
法國結粒繡
738（繞2次）
魚骨繡・
直線繡
202
342
鎖鍊繡 562
127
L&S 356

重疊十字繡
①140
直線繡①140
直線繡 184
法國結粒繡
127（繞1次）
356
回針繡 800
直線繡
S107
輪廓繡 342

女孩
臉・頸・手腕輪廓：回針繡 738
眉毛・眼睛：直線繡①738
手套：L&S 630

鸚鵡
羽毛（由上而下）：
342・204・184・632・342
嘴喙・腳：直線繡 S107

直線繡 S107
回針繡 738
回針繡 202
魚骨繡 202
630
回針繡 127

88
356
輪廓繡 342
L&S 356

89
鎖鍊繡 800
回針繡 202
L&S、緞面繡 184

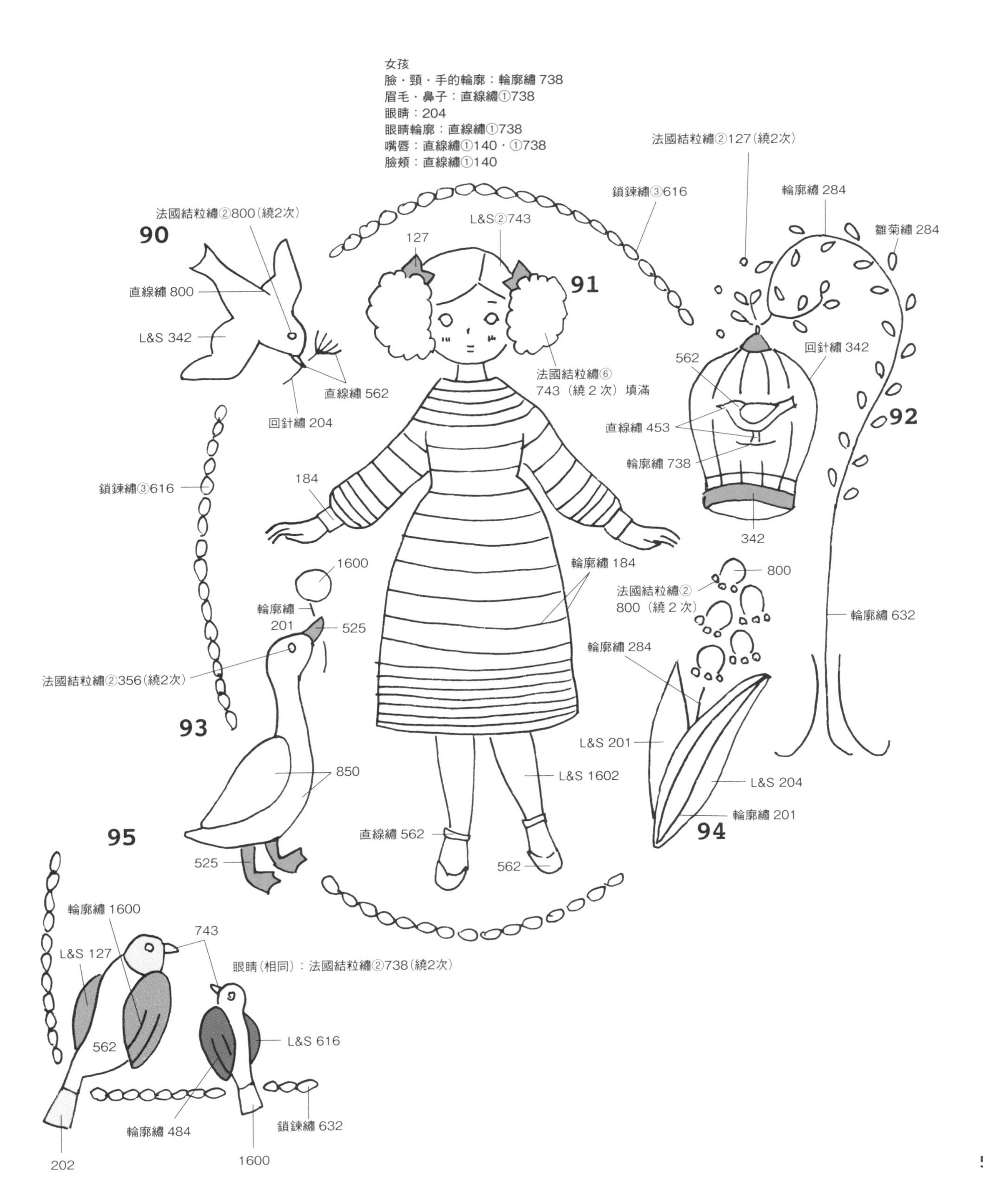

○內是線的股數。線若無指定，就是使用兩股。數字為顏色
編號。未指定針法，則進行緞面繡。L&S＝長短針繡。

女孩
臉・頸・手的輪廓：輪廓繡738
眉毛・鼻子：直線繡①738
眼睛：204
眼睛輪廓：直線繡①738
嘴唇：直線繡①140・①738
臉頰：直線繡①140

法國結粒繡②127（繞2次）

鎖鍊繡③616

輪廓繡 284

雛菊繡 284

90

法國結粒繡②800（繞2次）

直線繡 800

L&S 342

回針繡 342

562

回針繡 204

直線繡 562

91

127

L&S②743

法國結粒繡⑥
743（繞2次）填滿

直線繡 453

輪廓繡 738

342

92

鎖鍊繡③616

184

1600

輪廓繡
201

525

輪廓繡 184

法國結粒繡②
800（繞2次）

800

輪廓繡 284

輪廓繡 632

法國結粒繡②356（繞2次）

93

L&S 201

L&S 204

輪廓繡 201

94

850

525

L&S 1602

直線繡 562

562

95

輪廓繡 1600

743

眼睛（相同）：法國結粒繡②738（繞2次）

L&S 127

L&S 616

562

輪廓繡 484

鎖鍊繡 632

202

1600

愛麗絲夢遊仙境

Photo：p.18

○內是線的股數。線若無指定，則使用兩股。數字為顏色編號。未指定針法，則進行緞面繡。L&S＝長短針繡。

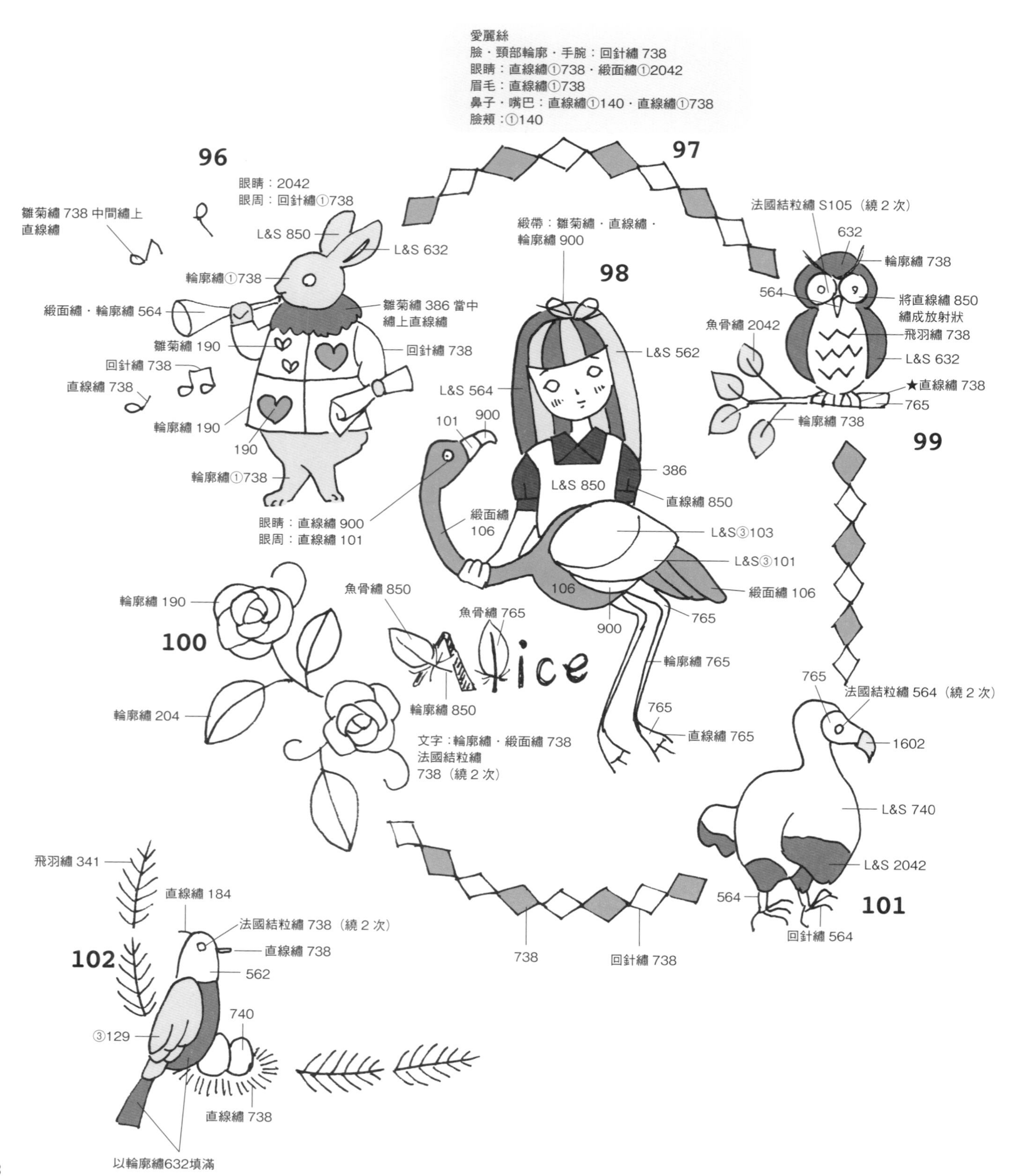

愛麗絲
臉・頸部輪廓・手腕：回針繡 738
眼睛：直線繡①738・緞面繡①2042
眉毛：直線繡①738
鼻子・嘴巴：直線繡①140・直線繡①738
臉頰：①140

96

雛菊繡 738 中間繡上直線繡

眼睛：2042
眼周：回針繡①738

L&S 850

L&S 632

輪廓①738

緞面繡・輪廓繡 564

雛菊繡 190

回針繡 738

直線繡 738

輪廓繡 190

輪廓繡①738

雛菊繡 386 當中繡上直線繡

回針繡 738

眼睛：直線繡 900
眼周：直線繡 101

97

法國結粒繡 S105（繞 2 次）

632

輪廓繡 738

564

緞帶：雛菊繡・直線繡・輪廓繡 900

98

L&S 562

魚骨繡 2042

將直線繡 850 繡成放射狀

飛羽繡 738

L&S 632

L&S 564

★直線繡 738

765

輪廓繡 738

101

900

386

L&S 850

直線繡 850

L&S③103

L&S③101

緞面繡 106

緞面繡 106

魚骨繡 850

魚骨繡 765

106

900

765

99

100

輪廓繡 190

輪廓繡 204

輪廓繡 765

765

直線繡 765

765

765

法國結粒繡 564（繞 2 次）

1602

L&S 740

L&S 2042

564

101

回針繡 564

輪廓繡 850

文字：輪廓繡・緞面繡 738
法國結粒繡 738（繞 2 次）

738

回針繡 738

102

飛羽繡 341

直線繡 184

法國結粒繡 738（繞 2 次）

直線繡 738

562

740

③129

直線繡 738

以輪廓繡 632 填滿

○內是線的股數。線若無指定，就是使用兩股。未指定針法，則
進行緞面繡。L&S=長短針繡。由上而下刺繡者會有★記號。

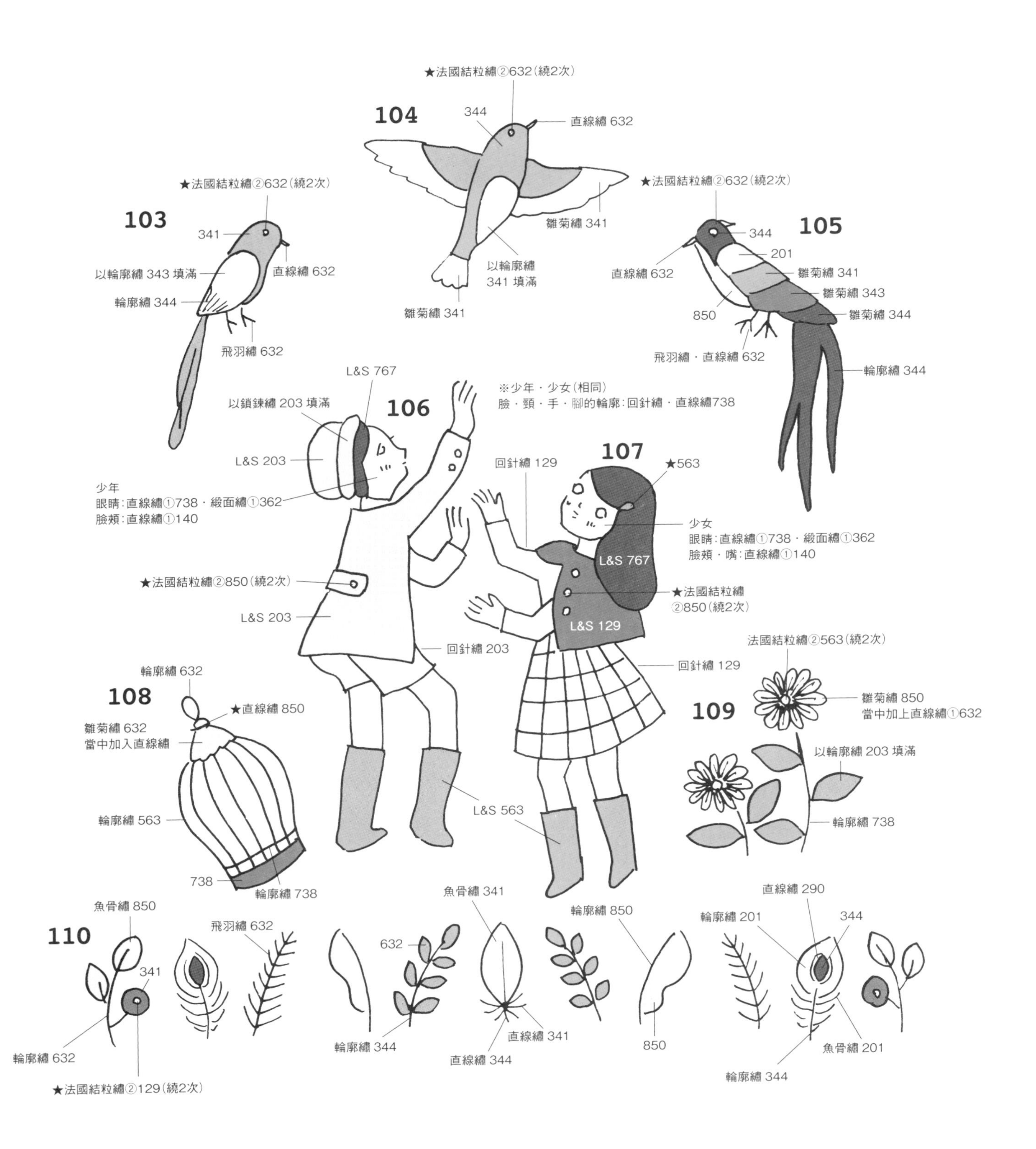

★法國結粒繡②632（繞2次）

104
344
直線繡 632

雛菊繡 341

★法國結粒繡②632（繞2次）

以輪廓繡
341 填滿

雛菊繡 341

★法國結粒繡②632（繞2次）

103
341
以輪廓繡 343 填滿
輪廓繡 344

直線繡 632

飛羽繡 632

★法國結粒繡②632（繞2次）

105
344
201
雛菊繡 341
雛菊繡 343
雛菊繡 344
直線繡 632
850
飛羽繡・直線繡 632
輪廓繡 344

L&S 767
以鎖鍊繡 203 填滿
106
L&S 203

※少年・少女（相同）
臉・頸・手・腳的輪廓：回針繡・直線繡738

回針繡 129
107
★563

少年
眼睛：直線繡①738・緞面繡①362
臉頰：直線繡①140

少女
眼睛：直線繡①738・緞面繡①362
臉頰・嘴：直線繡①140

L&S 767

★法國結粒繡②850（繞2次）

L&S 203

★法國結粒繡
②850（繞2次）

L&S 129

法國結粒繡②563（繞2次）

輪廓繡 632
108
雛菊繡 632
當中加入直線繡

★直線繡 850

回針繡 203

雛菊繡 850
當中加上直線繡①632

109
以輪廓繡 203 填滿

輪廓繡 563

回針繡 129

L&S 563

輪廓繡 738

738
輪廓繡 738

魚骨繡 850
110
341

輪廓繡 632

飛羽繡 632

魚骨繡 341
632

輪廓繡 850

直線繡 290
輪廓繡 201
344

★法國結粒繡②129（繞2次）

輪廓繡 344

直線繡 341
直線繡 344

850

魚骨繡 201
輪廓繡 344

○內是線的股數。線若無指定，就是使用兩股。數字為顏色編號。未指定針法，則進行緞面繡。由上而下刺繡者會有★記號。法國結粒繡一概繞2次。112、117、118的眼睛為緞面繡②739。111、113的眼睛為緞面繡②739當中加上直線繡①800。L&S=長短針繡。

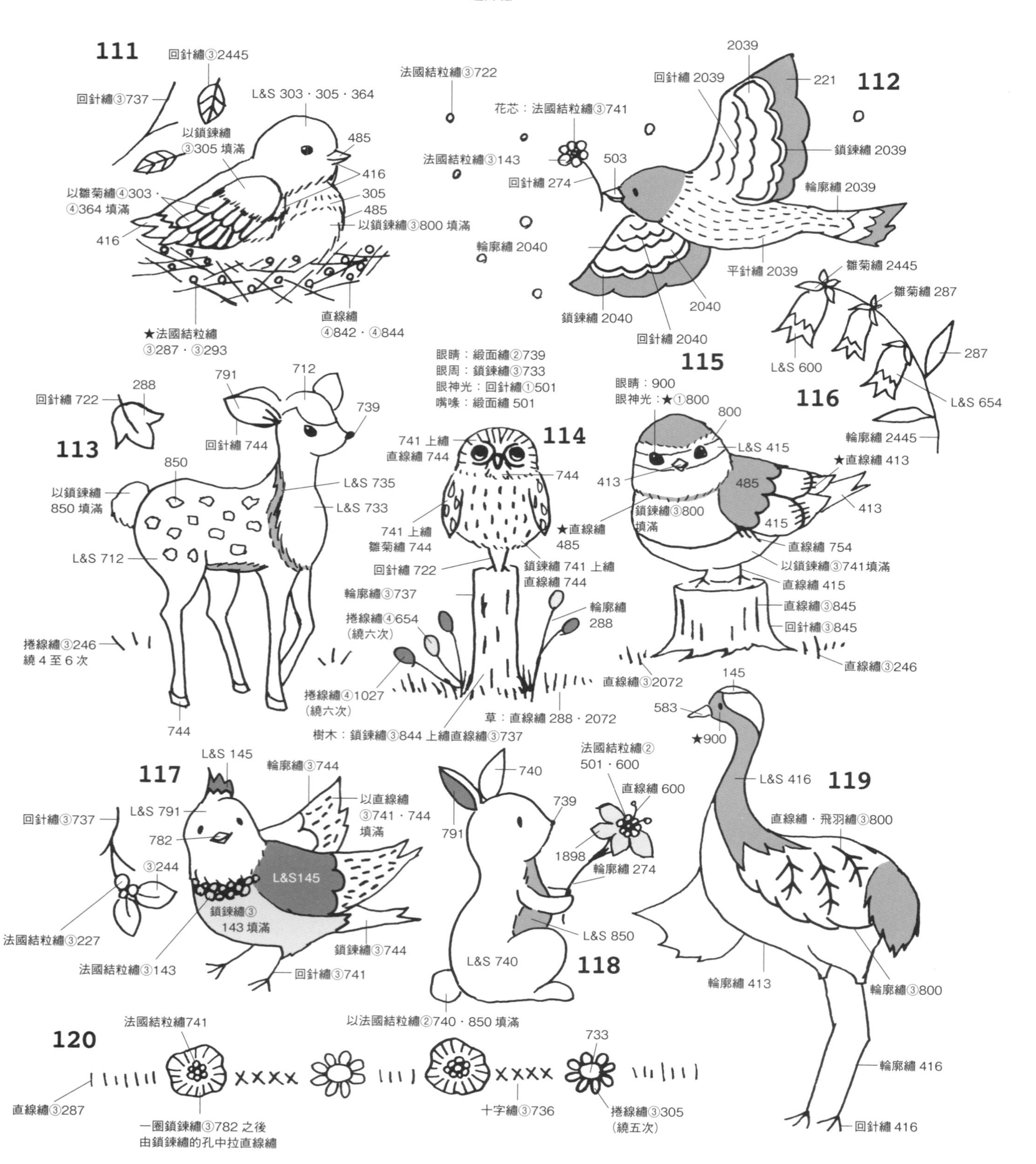

111

回針繡③2445
回針繡③737
L&S 303・305・364
以鎖鍊繡③305填滿
485
以雛菊繡④303・④364填滿
416
305
485
416
以鎖鍊繡③800填滿
★法國結粒繡③287・③293
直線繡④842・④844

法國結粒繡③722
花芯：法國結粒繡③741
法國結粒繡③143
回針繡274
503
輪廓繡2040
鎖鍊繡2040
2040
回針繡2040

112
回針繡2039
2039
221
鎖鍊繡2039
輪廓繡2039
平針繡2039

113
回針繡722
288
791
712
回針繡744
739
L&S 735
L&S 733
850
以鎖鍊繡850填滿
L&S 712
捲線繡③246繞4至6次
744

眼睛：緞面繡②739
眼周：鎖鍊繡③733
眼神光：回針繡①501
嘴喙：緞面繡501

114
741上繡直線繡744
741上繡雛菊繡744
回針繡722
輪廓繡③737
捲線繡④654（繞六次）
★直線繡485
鎖鍊繡741上繡直線繡744
輪廓繡288
捲線繡④1027（繞六次）
草：直線繡288・2072
樹木：鎖鍊繡③844上繡直線繡737

115
眼睛：900
眼神光：★①800
800
413
鎖鍊繡③800填滿
L&S 415
485
415
直線繡754
以鎖鍊繡③741填滿
直線繡415
直線繡③845
回針繡③845
直線繡③246
直線繡③2072
★直線繡413
413

116
雛菊繡2445
雛菊繡287
287
L&S 600
L&S 654
輪廓繡2445

117
L&S 145
輪廓繡③744
回針繡③737
L&S 791
782
③244
以直線繡③741・744填滿
L&S145
鎖鍊繡③143填滿
法國結粒繡③227
法國結粒繡③143
回針繡③741
鎖鍊繡③744

118
740
739
791
1898
輪廓繡274
法國結粒繡②501・600
直線繡600
L&S 850
L&S 740
以法國結粒繡②740・850填滿

119
145
583
★900
L&S 416
直線繡・飛羽繡③800
輪廓繡413
輪廓繡800
輪廓繡416
回針繡416

120
法國結粒繡741
直線繡③287
一圈鎖鍊繡③782之後由鎖鍊繡的孔中拉直線繡
十字繡③736
733
捲線繡③305（繞五次）

○內是線的股數。線若無指定，就是使用兩股。未指定針法，則進行緞面繡。由上往下刺繡者會有★記號。法國結粒繡一概繞2次。122、127、129的眼睛為緞面繡②739。123、124、125的眼睛為緞面繡739當中加上直線繡①800。L&S=長短針繡。

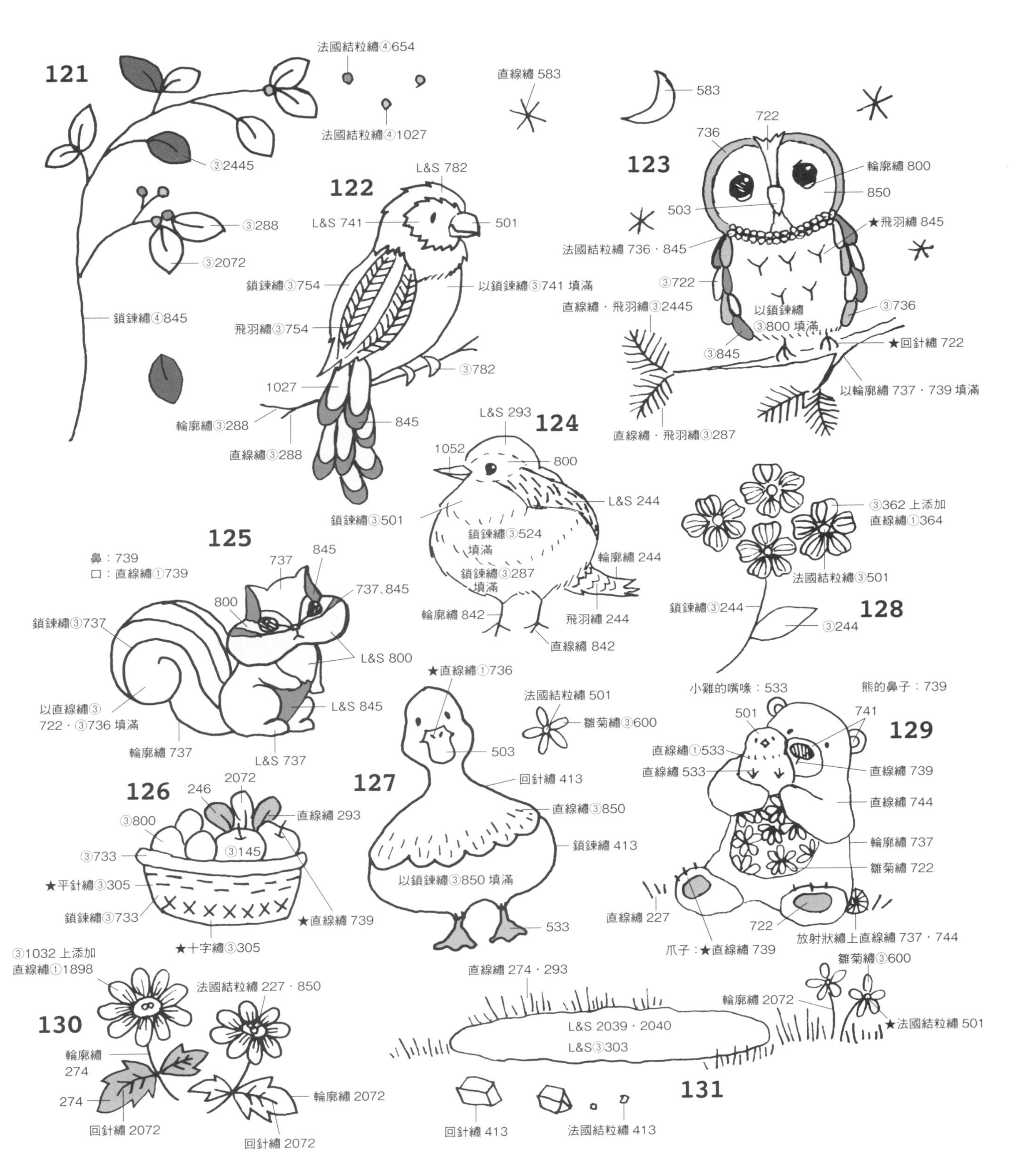

121
法國結粒繡④654
法國結粒繡④1027
③2445
③288
③2072
鎖鍊繡④845

直線繡583
583

122
L&S 782
L&S 741
501
鎖鍊繡③754
飛羽繡③754
1027
輪廓繡③288
直線繡288
以鎖鍊繡③741 填滿
③782
845
鎖鍊繡③501

123
722
736
輪廓繡 800
850
503
★飛羽繡 845
法國結粒繡736‧845
③722
直線繡‧飛羽繡③2445
③845
以鎖鍊繡③800 填滿
③736
★回針繡 722
以輪廓繡 737‧739 填滿
直線繡‧飛羽繡③287

124
1052
800
L&S 244
鎖鍊繡③524 填滿
輪廓繡 244
鎖鍊繡③287 填滿
輪廓繡 842
飛羽繡 244
直線繡 842

③362 上添加
直線繡①364
法國結粒繡③501
鎖鍊繡③244
128
③244

125
鼻：739
口：直線繡①739
737
845
800
737、845
鎖鍊繡③737
L&S 800
以直線繡③722‧③736 填滿
L&S 845
輪廓繡 737
L&S 737

126
2072
246
③800
直線繡 293
③733
③145
★平針繡③305
鎖鍊繡③733
★直線繡 739
★十字繡③305

③1032 上添加
直線繡①1898
130
法國結粒繡227‧850
輪廓繡 274
274
回針繡 2072
輪廓繡 2072
回針繡 2072

127
★直線繡①736
法國結粒繡 501
雛菊繡③600
503
回針繡 413
直線繡③850
鎖鍊繡 413
以鎖鍊繡③850 填滿
533

小雞的嘴喙：533
熊的鼻子：739
501
741
129
直線繡①533
直線繡 533
直線繡 739
直線繡 744
輪廓繡 737
雛菊繡 722
直線繡 227
722
爪子：★直線繡 739
放射狀繡上直線繡 737‧744
雛菊繡③600
輪廓繡 2072
★法國結粒繡 501

直線繡 274‧293
L&S 2039‧2040
L&S③303
131
回針繡 413
法國結粒繡 413

61

世界上的鳥兒

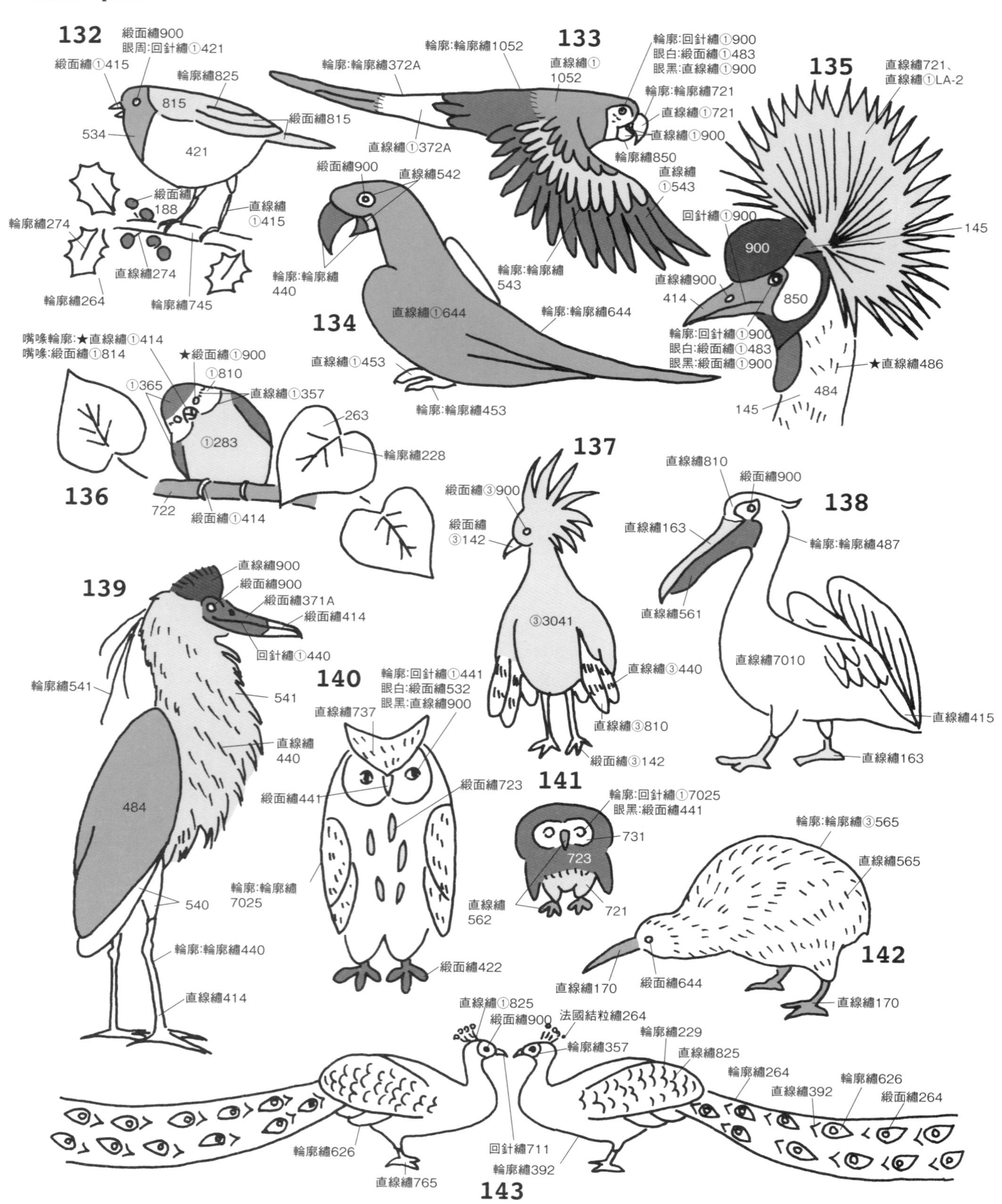

132
緞面繡900
緞周:回針繡①421
緞面繡①415
輪廓繡825
815
534
421
緞面繡815
緞面繡188
輪廓繡274
直線繡①415
直線繡274
輪廓繡264
輪廓繡745

133
輪廓:輪廓繡372A
直線繡①1052
輪廓:回針繡①900
眼白:緞面繡①483
眼黑:直線繡①900
輪廓:輪廓繡721
直線繡①721
直線繡①900
輪廓繡850
直線繡①543
緞面繡900
直線繡542
輪廓:輪廓繡440
輪廓:輪廓繡543
輪廓:輪廓繡644
回針繡①900

135
直線繡721、
直線繡①LA-2
145
900
850
直線繡900
414
輪廓:回針繡①900
眼白:緞面繡①483
眼黑:緞面繡①900
145
484
★直線繡486

134
直線繡①453
直線繡①644
輪廓:輪廓繡453

嘴喙輪廓:★直線繡①414
嘴喙:緞面繡①814
★緞面繡①900
①810
①365
直線繡①357
①283
263
輪廓繡228
136
722
緞面繡①414

137
緞面繡③900
緞面繡③142
③3041
直線繡③440
直線繡③810
緞面繡③142

138
直線繡810
緞面繡900
直線繡163
輪廓:輪廓繡487
直線繡561
直線繡7010
直線繡415
直線繡163

139
直線繡900
緞面繡900
緞面繡371A
緞面繡414
回針繡①440
輪廓繡541
541
直線繡440
緞面繡441
484
輪廓:輪廓繡7025
540
輪廓:輪廓繡440
直線繡414

140
輪廓:回針繡①441
眼白:緞面繡532
眼黑:直線繡900
直線繡737
緞面繡723
緞面繡441
直線繡562
緞面繡422

141
輪廓:回針繡①7025
眼黑:緞面繡441
731
723
721
直線繡170
緞面繡644

142
輪廓:輪廓繡③565
直線繡565
直線繡170

143
直線繡①825
緞面繡900
法國結粒繡264
輪廓繡357
輪廓繡229
直線繡825
輪廓繡264
直線繡392
輪廓繡626
緞面繡264
輪廓626
回針繡711
輪廓繡392
直線繡765

62

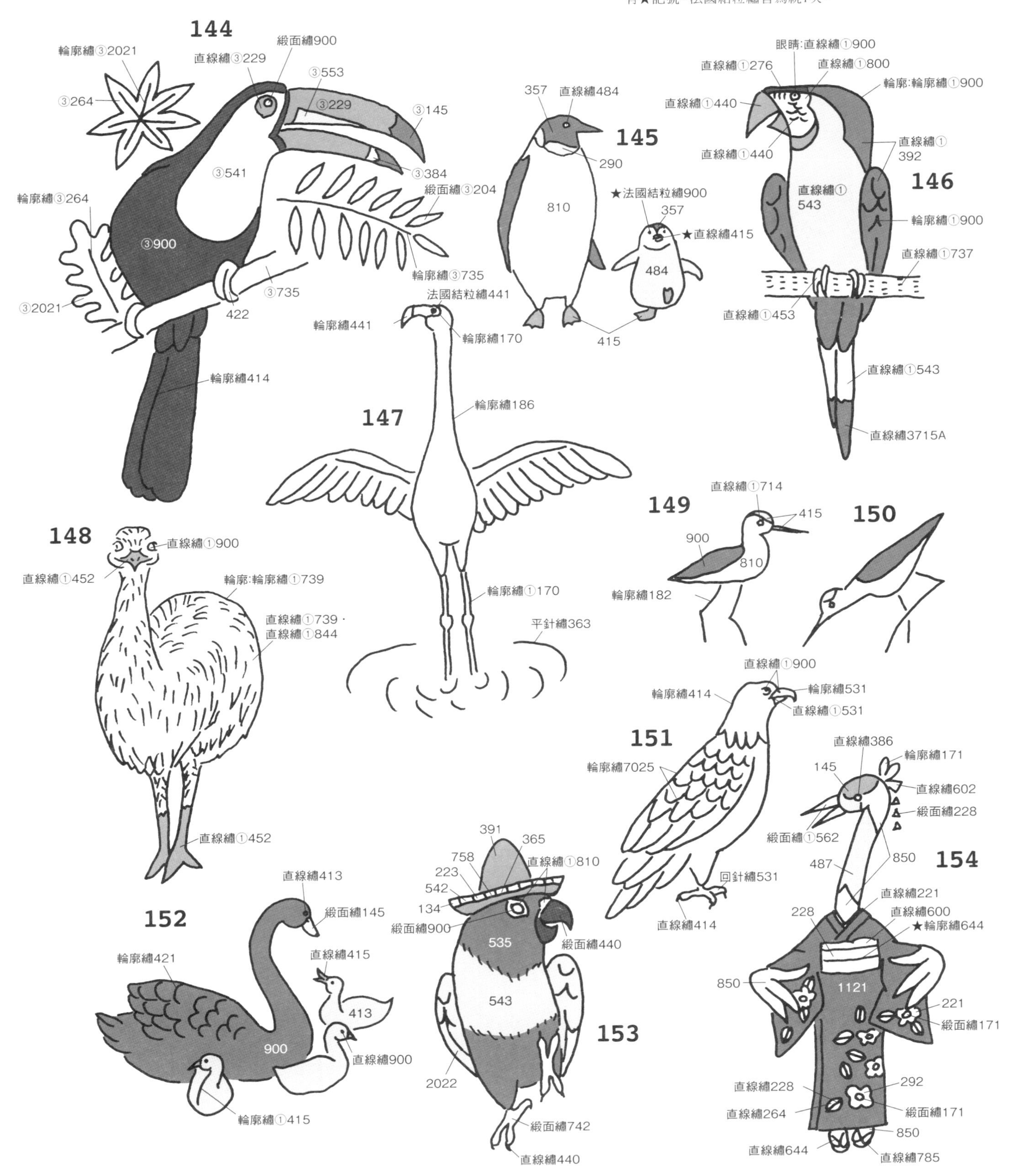

○內是線的股數。線若無指定，就是使用兩股。數字為顏色編號。未指定針法，就是進行長短針繡。由上往下刺繡者會有★記號。法國結粒繡皆為繞1次。

144

輪廓繡③2021
直線繡③229
緞面繡900
③553
③229
③145
③264
③541
③384
緞面繡③204
輪廓繡③264
③900
輪廓繡③735
③735
422
輪廓繡414
③2021

145
357
直線繡484
290
810
★法國結粒繡900
357
★直線繡415
484
法國結粒繡441
415

146
眼睛:直線繡①900
直線繡①276
直線繡①800
輪廓:輪廓繡①900
直線繡①440
直線繡①440
直線繡①392
直線繡①543
輪廓繡①900
直線繡①737
直線繡①453
直線繡①543
直線繡3715A

147
輪廓繡441
輪廓繡170
輪廓繡186
輪廓繡①170
平針繡363

148
直線繡①900
直線繡①452
輪廓:輪廓繡①739
直線繡①739·直線繡①844
直線繡①452

149
直線繡①714
415
900
810
輪廓繡182

150

151
直線繡①900
輪廓繡531
輪廓繡414
直線繡①531
輪廓繡7025
回針繡531
直線繡414

152
直線繡413
緞面繡145
輪廓繡421
直線繡415
413
900
直線繡900
輪廓繡①415

153
391
365
758
直線繡①810
223
542
134
緞面繡900
535
緞面繡440
543
2022
緞面繡742
直線繡440

154
直線繡386
輪廓繡171
145
直線繡602
緞面繡228
緞面繡①562
850
487
直線繡221
228
直線繡600
★輪廓繡644
850
1121
221
緞面繡171
直線繡228
292
直線繡264
緞面繡171
850
直線繡644
直線繡785

展翅之鳥・休息的鳥

Photo：p.24

○內是線的股數。線若無指定，則使用兩股。數字為顏色編號。
未指定針法，則進行長短針繡。由上往下刺繡者會有★記號。
法國結粒繡若無指定，就是繞2次。

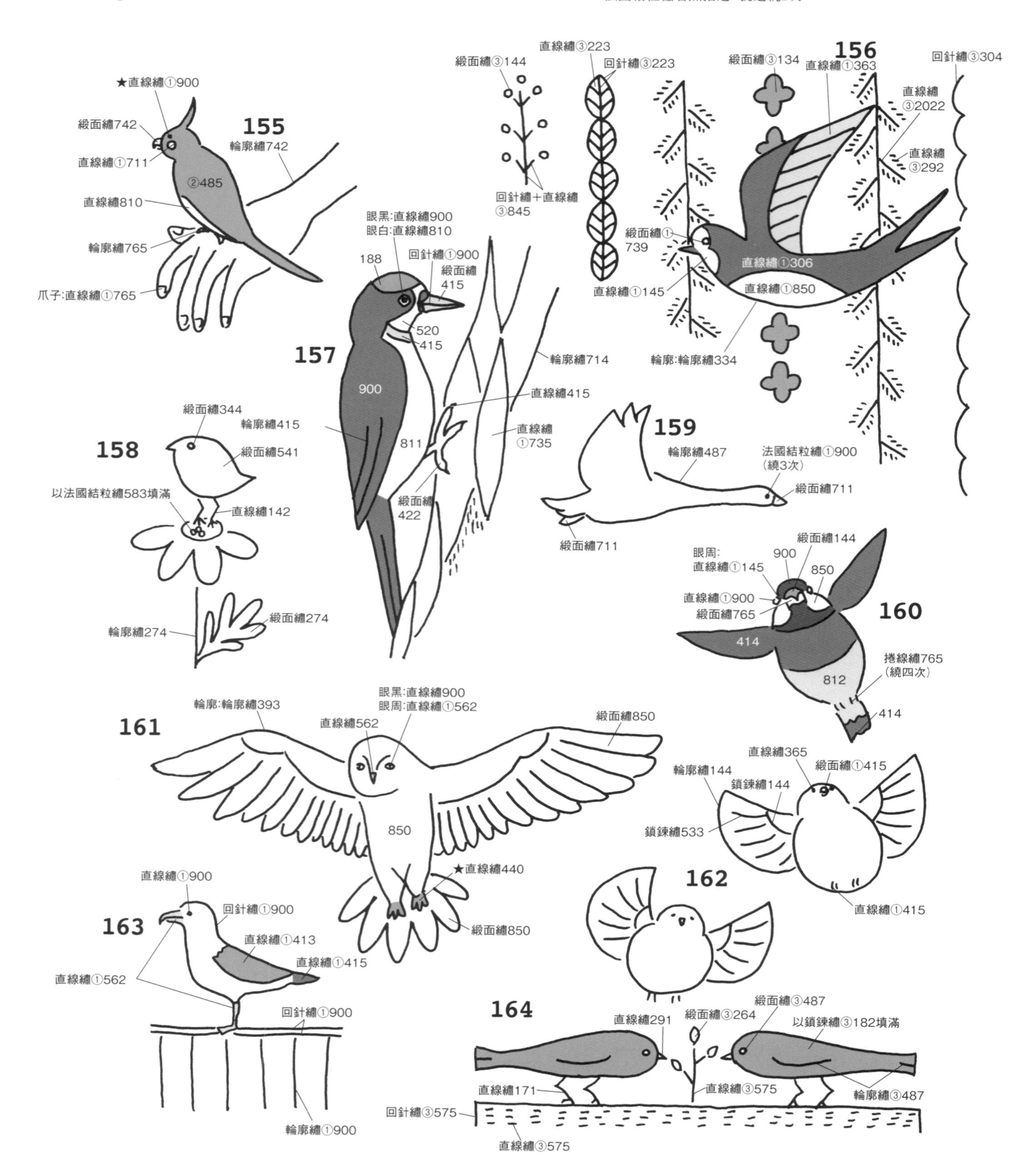

★直線繡①900

緞面繡742

直線繡①711

直線繡810

輪廓繡765

爪子：直線繡①765

155

輪廓繡742

②485

緞面繡③144

回針繡+直線繡③845

直線繡③223

回針繡③223

緞面繡③134

直線繡①363

156

直線繡③2022

直線繡③292

回針繡③304

眼黑：直線繡900
眼白：直線繡810

188

回針繡①900

緞面繡415

520
415

157

900

811

緞面繡422

輪廓繡714

直線繡415

直線繡①735

緞面繡①739

直線繡①145

緞面繡344

輪廓繡415

緞面繡541

158

以法國結粒繡583填滿

直線繡142

輪廓繡274

緞面繡274

直線繡①306

直線繡①850

輪廓：輪廓繡334

159

輪廓繡487

法國結粒繡①900（繞3次）

緞面繡711

緞面繡711

眼周：直線繡①145

直線繡①900

緞面繡765

900

緞面繡144

850

414

160

812

捲線繡765（繞四次）

414

輪廓：輪廓繡393

眼黑：直線繡900
眼周：直線繡①562

直線繡562

緞面繡850

161

850

★直線繡440

緞面繡850

直線繡365

輪廓繡144

鎖鍊繡144

鎖鍊繡533

緞面繡①415

直線繡①415

162

直線繡①900

回針繡①900

163

直線繡①562

直線繡①413

直線繡①415

回針繡①900

輪廓繡①900

164

直線繡291

緞面繡③264

緞面繡③487

以鎖鍊繡③182填滿

直線繡171

回針繡③575

直線繡③575

直線繡③575

輪廓繡③487

64

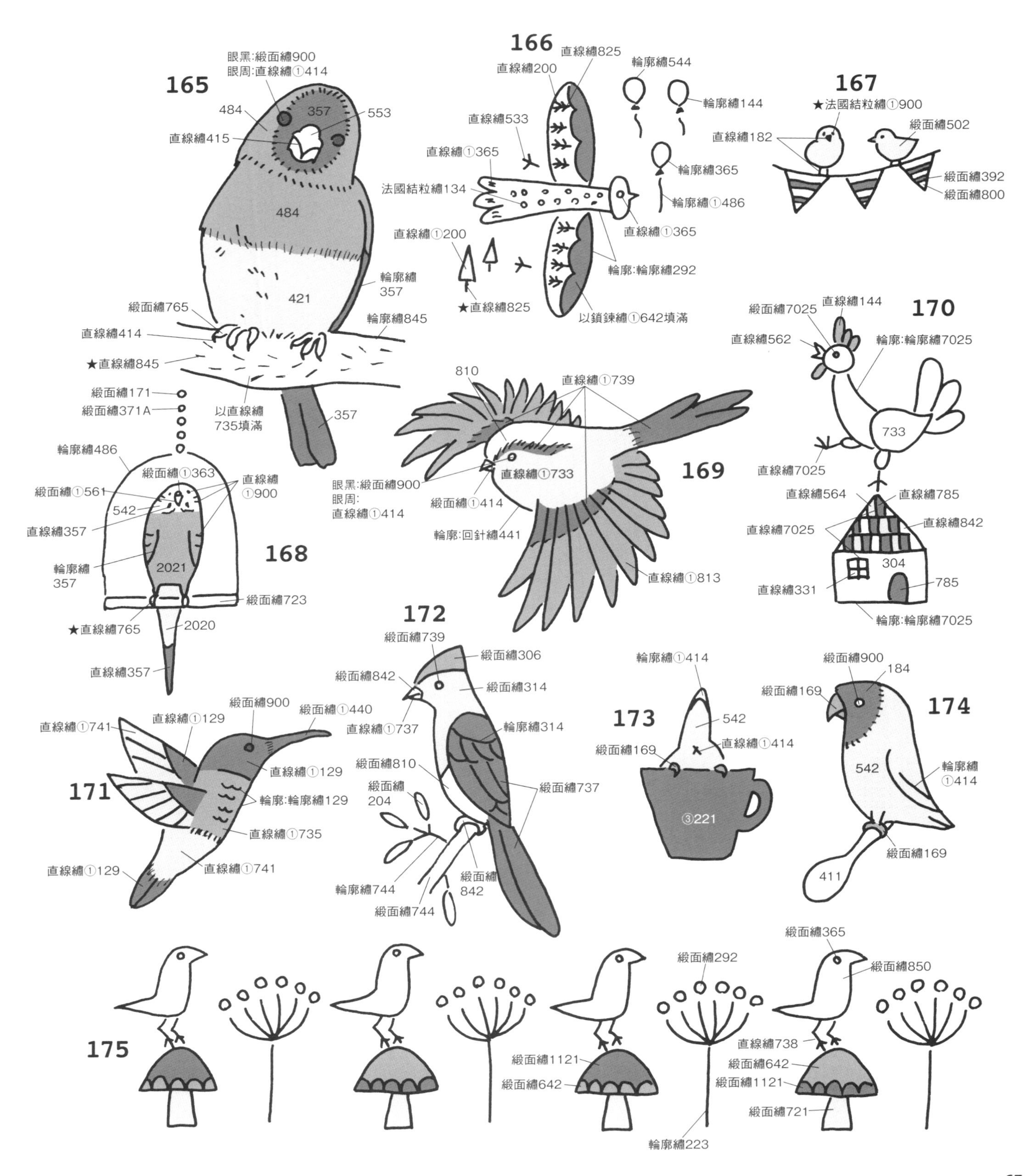

○內是線的股數。線若無指定，則使用兩股。數字為顏色編號。未指定針法，則進行長短針繡。由上往下刺繡者會有★記號。法國結粒繡一概繞1次。

165
眼黑：緞面繡900
眼周：直線繡①414
484
357
553
直線繡415
484
421
緞面繡765
直線繡414
★直線繡845
輪廓繡357
輪廓繡845
以直線繡735填滿
357

緞面繡171
緞面繡371A
輪廓繡486
緞面繡①561
緞面繡①363
直線繡①900
直線繡357
542
輪廓繡357
2021
168
緞面繡723
★直線繡765
2020
直線繡357

166
直線繡825
直線繡200
直線繡533
直線繡①365
法國結粒繡134
直線繡①200
★直線繡825
輪廓繡544
輪廓繡144
直線繡182
輪廓繡365
輪廓繡①486
直線繡①365
輪廓：輪廓繡292
以鎖鍊繡①642填滿

167
★法國結粒繡①900
緞面繡502
緞面繡392
緞面繡800

810
直線繡①739
169
眼黑：緞面繡900
眼周：直線繡①414
直線繡①733
緞面繡①414
輪廓：回針繡441
直線繡①813

170
緞面繡7025
直線繡144
直線繡562
輪廓：輪廓繡7025
直線繡7025
733
直線繡564
直線繡785
直線繡7025
直線繡842
直線繡331
304
785
輪廓：輪廓繡7025

171
直線繡①741
直線繡①129
緞面繡900
緞面繡①440
直線繡①129
輪廓：輪廓繡129
直線繡①735
直線繡①129
直線繡①741

172
緞面繡739
緞面繡306
緞面繡842
緞面繡314
直線繡①737
輪廓繡314
緞面繡810
緞面繡737
緞面繡204
輪廓繡744
緞面繡842
緞面繡744

173
輪廓繡①414
542
緞面繡169
直線繡①414
③221

174
緞面繡900
184
緞面繡169
542
輪廓繡①414
緞面繡169
411

175
緞面繡1121
緞面繡642
緞面繡365
緞面繡292
緞面繡850
直線繡738
緞面繡642
緞面繡1121
緞面繡721
輪廓繡223

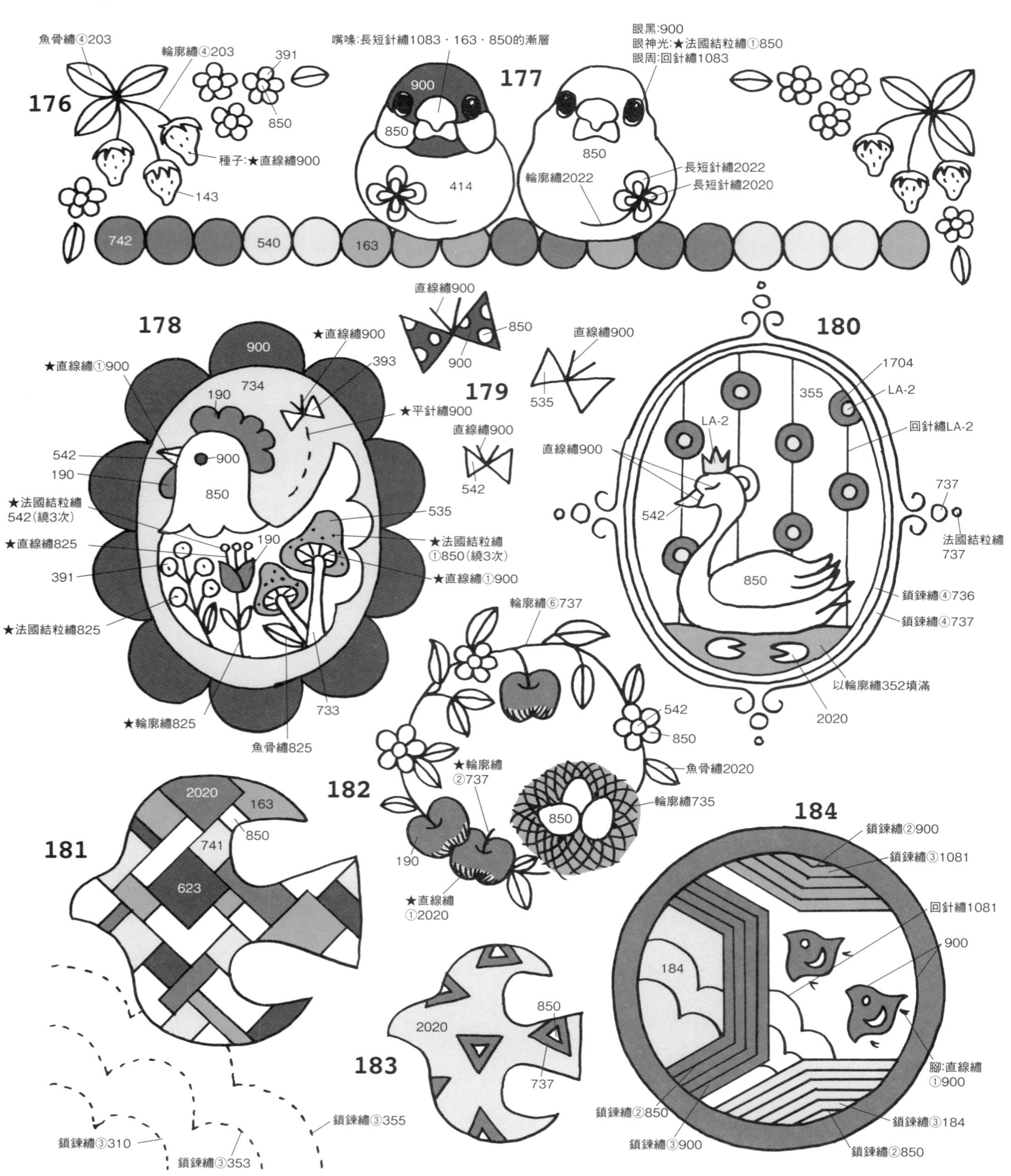

176

魚骨繡④203
輪廓繡④203
391
850
種子：★直線繡900
143

177
嘴喙：長短針繡1083・163・850的漸層
900
850
414

眼黑：900
眼神光：★法國結粒繡①850
眼周：回針繡1083
850
輪廓繡2022
長短針繡2022
長短針繡2020

742
540
163

178
900
734
★直線繡900
393
190
★直線繡①900
542
190
★法國結粒繡542（繞3次）
★直線繡825
391
★法國結粒繡825
900
850
★輪廓繡825
魚骨繡825
733
190
535
★平針繡900
179
直線繡900
535
542
直線繡900
直線繡900
850
900
★法國結粒繡①850（繞3次）
★直線繡①900

180
直線繡900
1704
355
LA-2
回針繡LA-2
LA-2
542
737
法國結粒繡737
850
鎖鍊繡④736
鎖鍊繡④737
以輪廓繡352填滿
2020

輪廓繡⑥737
542
850
★輪廓繡②737
魚骨繡2020
850
輪廓繡735
190
★直線繡①2020

181
2020
163
741
850
623

182

183
2020
850
737

184
鎖鍊繡②900
鎖鍊繡③1081
回針繡1081
900
184
腳：直線繡①900
鎖鍊繡②850
鎖鍊繡③900
鎖鍊繡③184
鎖鍊繡②850

鎖鍊繡③355
鎖鍊繡③310
鎖鍊繡③353

66

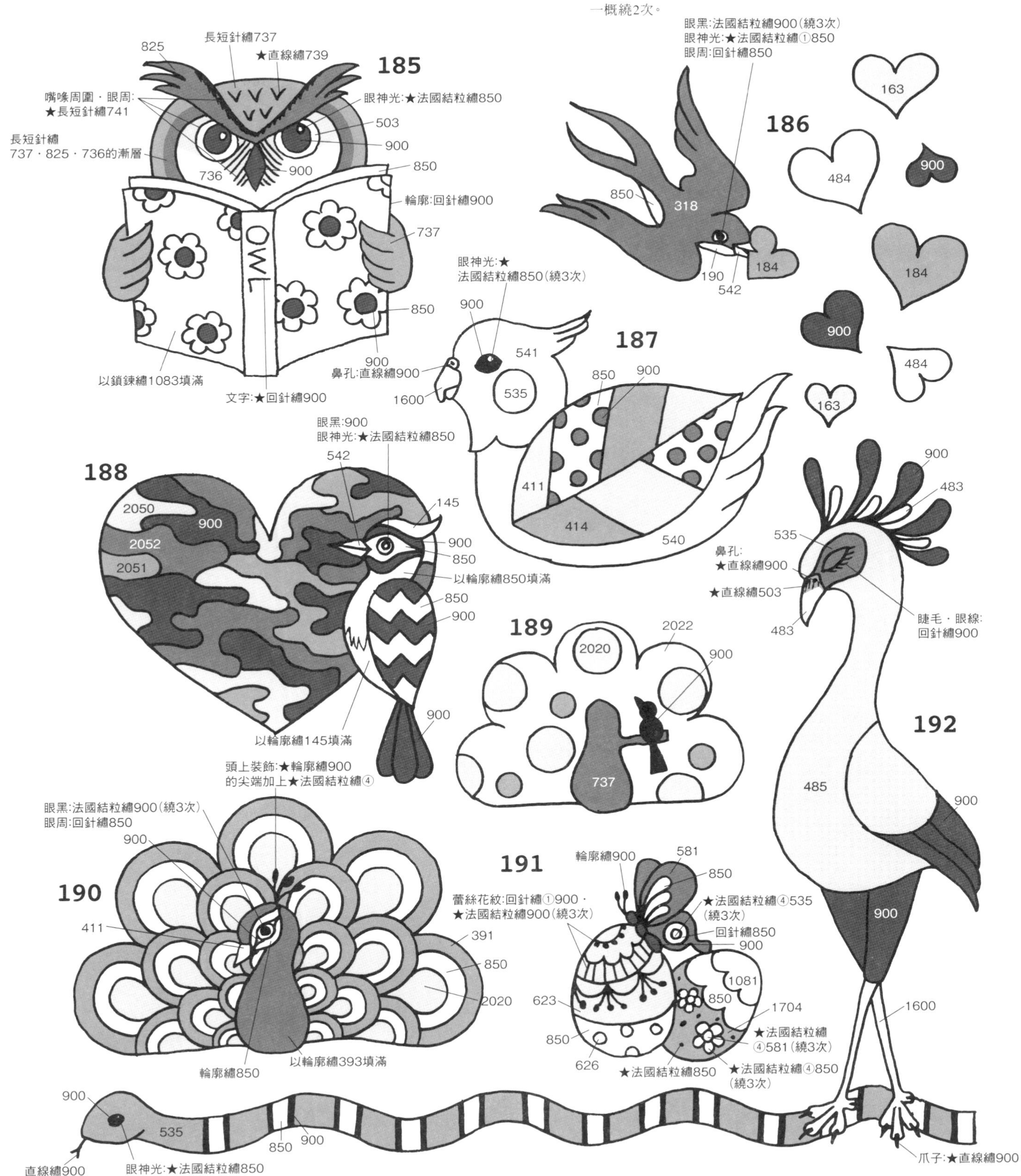

○內是線的股數。線若無指定，則使用兩股。數字為顏色編號。未指定針法，則進行緞面繡。由上往下刺繡者會有★記號。法國結粒繡一概繞2次。

185

825
長短針繡737
★直線繡739

嘴喙周圍‧眼周：
★長短針繡741

長短針繡
737‧825‧736的漸層

眼神光：★法國結粒繡850
503
900
850
736
900

輪廓：回針繡900
737

850

900
鼻孔：直線繡900
以鎖鍊繡1083填滿
文字：★回針繡900

眼神光：★
法國結粒繡850（繞3次）
900

眼黑：法國結粒繡900（繞3次）
眼神光：★法國結粒繡①850
眼周：回針繡850

186

163

900

484

850
318

190
542
184

184

900

484

163

187

850
900

411

414
540

900

483

535
483
483

睫毛‧眼線：
回針繡900

鼻孔：
★直線繡900
★直線繡503

188

眼黑：900
眼神光：★法國結粒繡850
542

2050
2052
2051
900

145
900
850
以輪廓繡850填滿
850
900

以輪廓繡145填滿

189

2020
2022
900

737

900

192

485

900

1600

190

頭上裝飾：★輪廓繡900
的尖端加上★法國結粒繡④

眼黑：法國結粒繡900（繞3次）
眼周：回針繡850
900

411

391
850
2020

輪廓繡850
以輪廓繡393填滿

191

蕾絲花紋：回針繡①900‧
★法國結粒繡900（繞3次）

輪廓繡900
581
850

★法國結粒繡④535
（繞3次）

回針繡850
900

1081
623
850
1704
850
★法國結粒繡
④581（繞3次）

626
★法國結粒繡850
★法國結粒繡④850
（繞3次）

900
535
850
900

直線繡900
眼神光：★法國結粒繡850

爪子：★直線繡900

美麗的羽毛

Photo：p.26

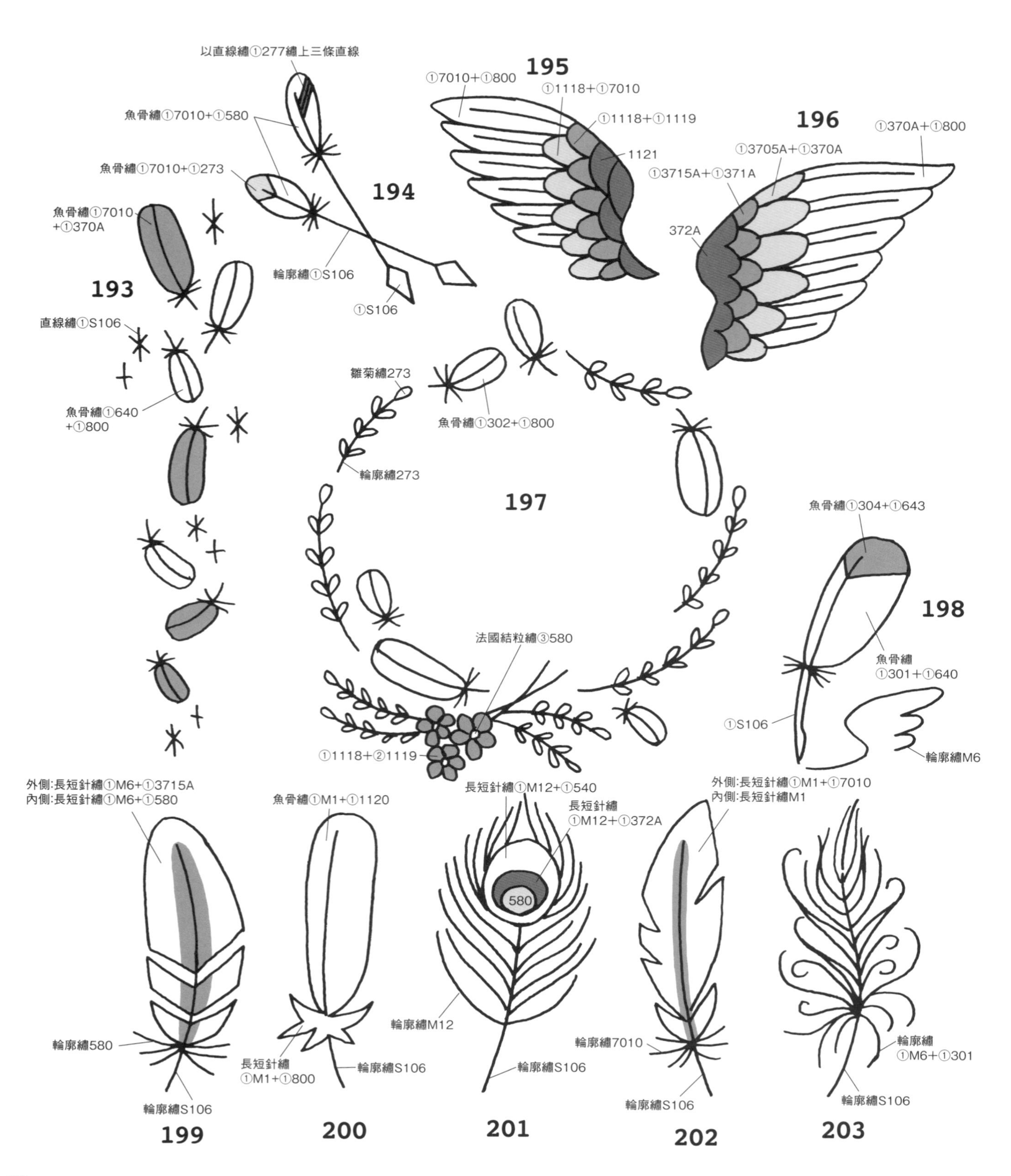

以直線繡①277繡上三條直線

魚骨繡①7010+①580

魚骨繡①7010+①273

魚骨繡①7010+①370A

193

直線繡①S106

魚骨繡①640+①800

輪廓繡①S106

①S106

194

①7010+①800

①1118+①7010

①1118+①1119

1121

195

①3705A+①370A

①3715A+①371A

372A

196

①370A+①800

雛菊繡273

魚骨繡①302+①800

輪廓繡273

197

法國結粒繡③580

①1118+②1119

魚骨繡①304+①643

198

魚骨繡①301+①640

①S106

輪廓繡M6

外側：長短針繡①M6+①3715A
內側：長短針繡①M6+①580

輪廓繡580

輪廓繡S106

199

魚骨繡①M1+①1120

長短針繡①M1+①800

輪廓繡S106

200

長短針繡①M12+①540

長短針繡①M12+①372A

580

輪廓繡M12

輪廓繡S106

201

外側：長短針繡①M1+①7010
內側：長短針繡M1

輪廓繡7010

輪廓繡S106

202

輪廓繡①M6+①301

輪廓繡S106

203

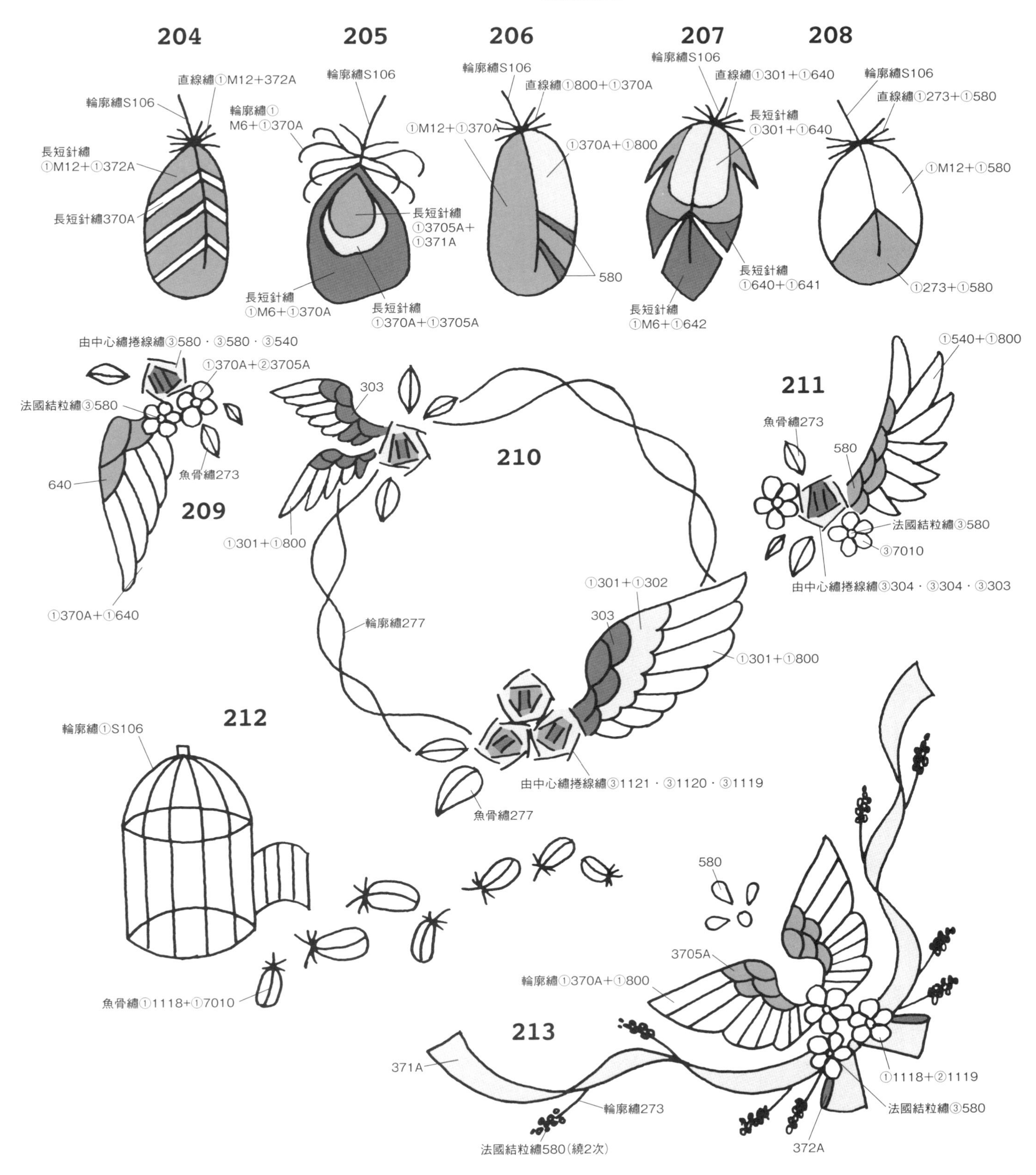

○內是線的股數。線若無指定，則使用兩股。數字為顏色編號。未指定針法，則進行緞面繡、＋標示的複數顏色請一起穿過針後再行刺繡。捲線繡由中心算起，繞六次的繡兩道；繞十次的繡三道；繞12次的為繡三道。法國結粒繡繞3次。

204

直線繡①M12＋372A
輪廓繡S106
輪廓繡①M6＋①370A
長短針繡①M12＋①372A
長短針繡370A

205

輪廓繡S106
長短針繡①3705A＋①371A
長短針繡①M6＋①370A
長短針繡①370A＋①3705A

206

輪廓繡S106
直線繡①800＋①370A
①M12＋①370A
①370A＋①800
580

207

輪廓繡S106
直線繡①301＋①640
長短針繡①301＋①640
長短針繡①640＋①641
長短針繡①M6＋①642

208

輪廓繡S106
直線繡①273＋①580
①M12＋①580
①273＋①580

209

由中心繡捲線繡③580・③580・③540
①370A＋②3705A
法國結粒繡③580
640
魚骨繡273
①370A＋①640

210

303
①301＋①800
輪廓繡277
①301＋①302
303
①301＋①800
由中心繡捲線繡③1121・③1120・③1119
魚骨繡277

211

①540＋①800
魚骨繡273
580
法國結粒繡③580
③7010
由中心繡捲線繡③304・③304・③303

212

輪廓繡①S106
魚骨繡①1118＋①7010

213

580
3705A
輪廓繡①370A＋①800
371A
輪廓繡273
法國結粒繡580(繞2次)
372A
①1118＋②1119
法國結粒繡③580

69

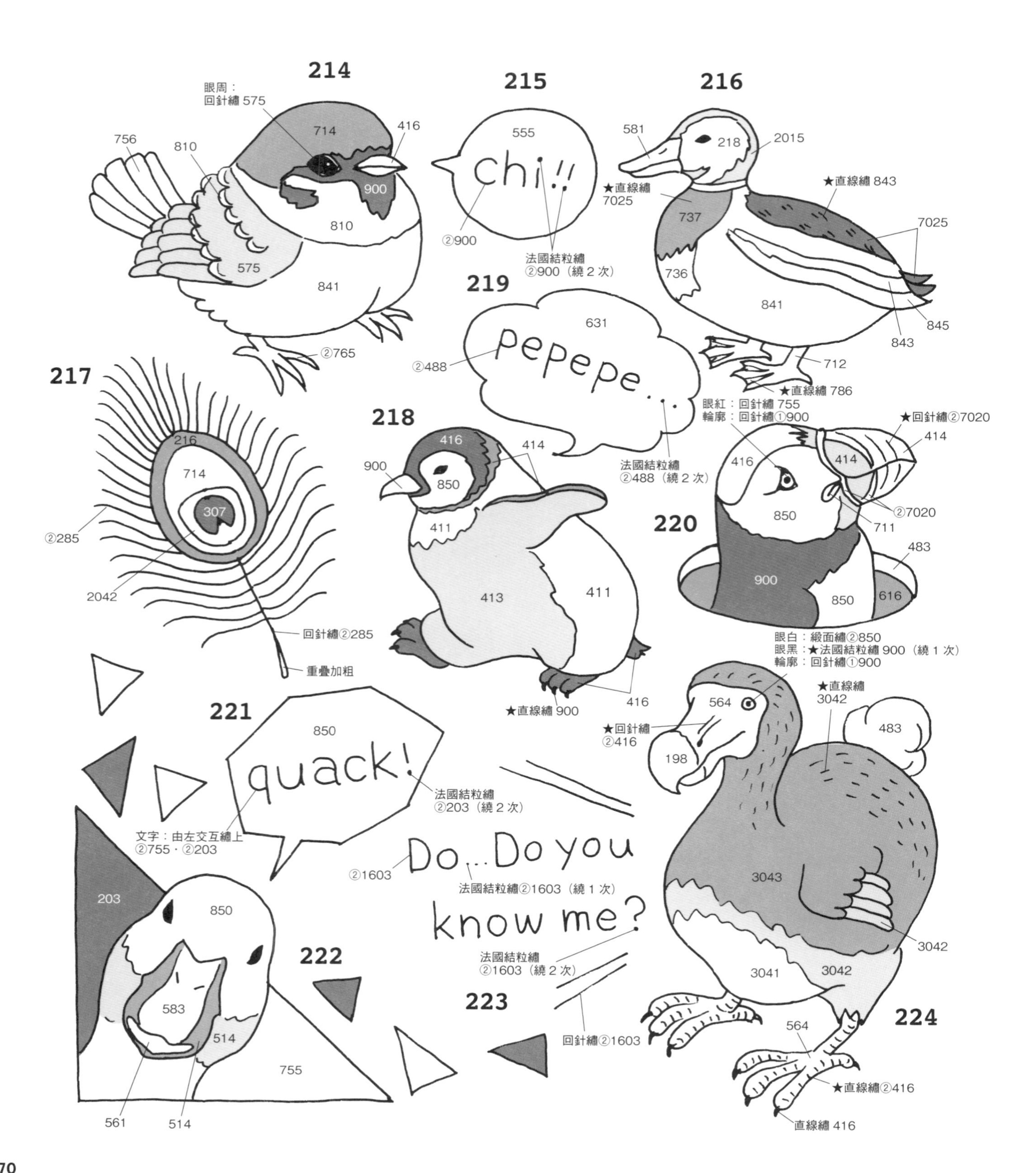

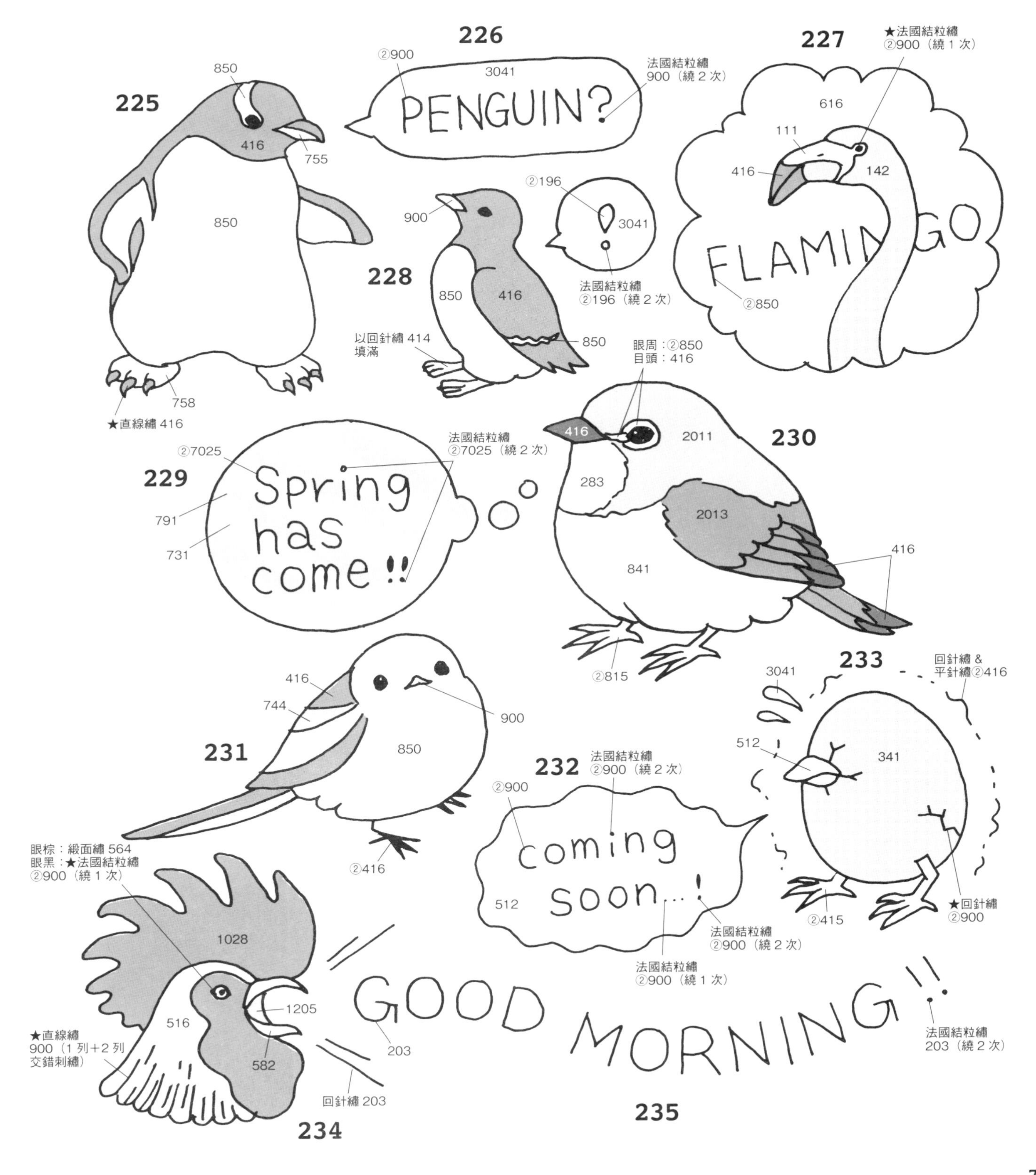

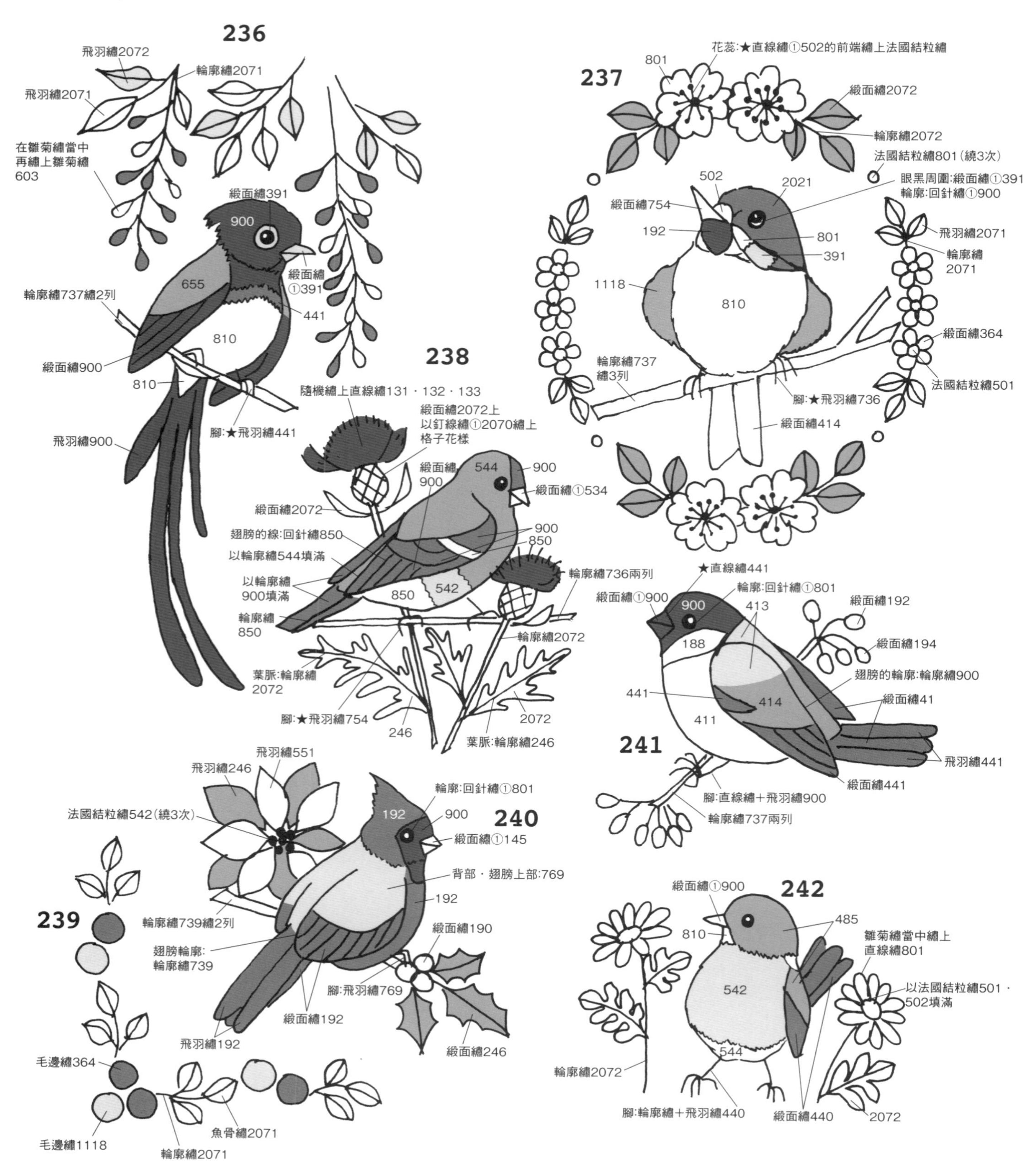

236

飛羽繡2072
輪廓繡2071
飛羽繡2071
在雛菊繡當中再繡上雛菊繡603
緞面繡391
900
緞面繡①391
655
441
輪廓繡737繡2列
810
緞面繡900
810
腳：★飛羽繡441
飛羽繡900

237

花蕊：★直線繡①502的前端繡上法國結粒繡
801
緞面繡2072
輪廓繡2072
法國結粒繡801（繞3次）
眼黑周圍：緞面繡①391 輪廓：回針繡①900
緞面繡754
502
2021
飛羽繡2071
192
801
輪廓繡2071
391
1118
緞面繡364
810
法國結粒繡501
輪廓繡737繡3列
腳：★飛羽繡736
緞面繡414

238

隨機繡上直線繡131・132・133
緞面繡2072上以釘線繡①2070繡上格子花樣
緞面繡2072
緞面繡900
544
900
緞面繡①534
翅膀的線：回針繡850
900
以輪廓繡544填滿
850
以輪廓繡900填滿
輪廓繡736兩列
542
輪廓繡850
850
輪廓繡2072
葉脈：輪廓繡2072
腳：★飛羽繡754
246
2072
葉脈：輪廓繡246

241

★直線繡441
輪廓：回針繡①801
緞面繡192
緞面繡①900
900
413
緞面繡194
188
翅膀的輪廓：輪廓繡900
441
緞面繡41
414
411
飛羽繡441
緞面繡441
腳：直線繡+飛羽繡900
輪廓繡737兩列

239

毛邊繡364
毛邊繡1118
魚骨繡2071
輪廓繡2071

240

飛羽繡551
飛羽繡246
法國結粒繡542（繞3次）
輪廓：回針繡①801
192
900
緞面繡①145
背部・翅膀上部：769
192
輪廓繡739繡2列
緞面繡190
翅膀輪廓：輪廓繡739
腳：飛羽繡769
緞面繡192
飛羽繡192
緞面繡246

242

緞面繡①900
485
810
雛菊繡當中繡上直線繡801
542
以法國結粒繡501・502填滿
544
輪廓繡2072
腳：輪廓繡+飛羽繡440
緞面繡440
2072

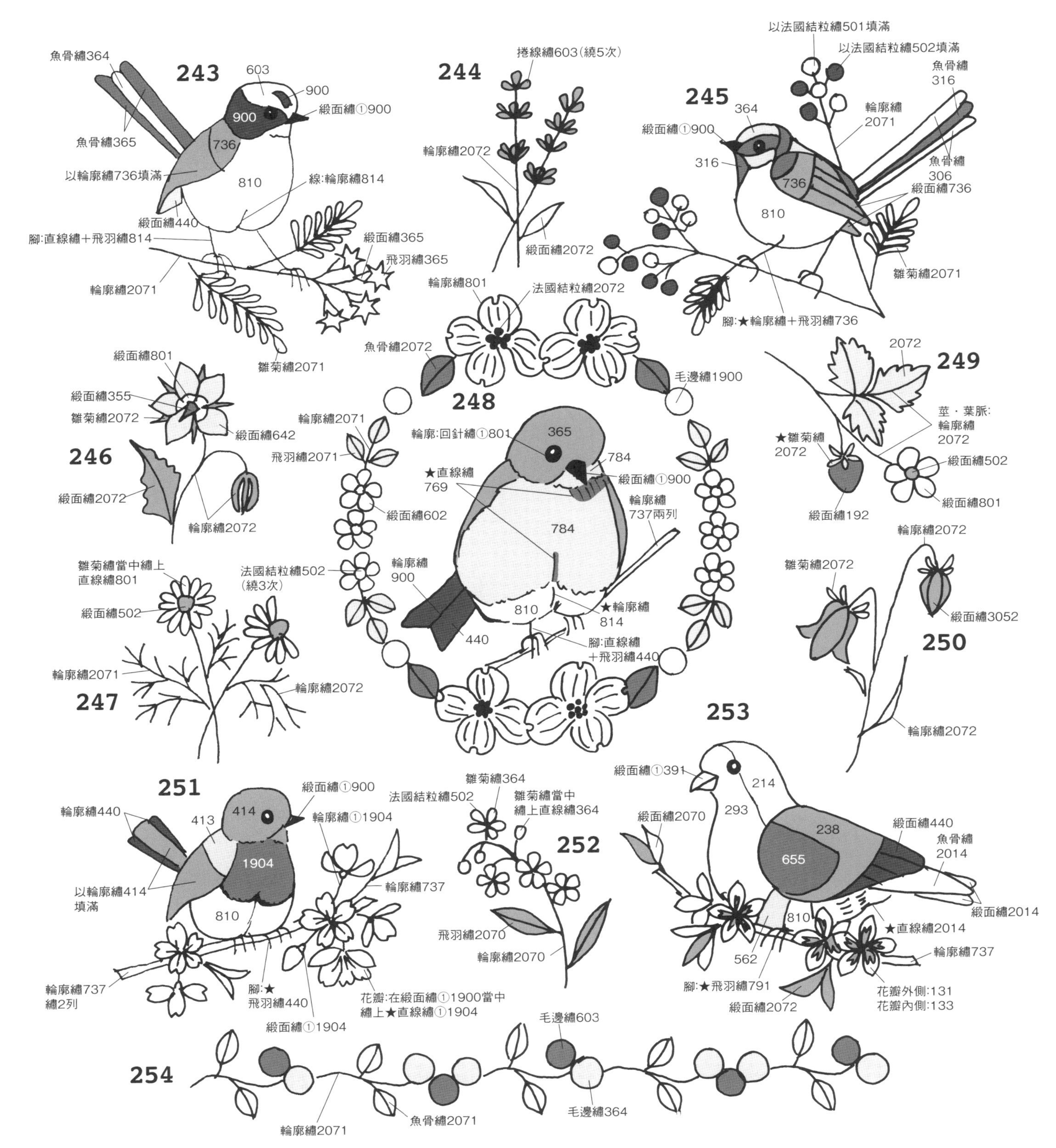

○內是線的股數。線若無指定，則使用兩股。數字為顏色編號。未指定針法，則進行長短針繡。由上往下刺繡者會有★記號。無指定的眼黑繡上緞面繡①900、眼神光★直線繡801。法國結粒繡若無指定次數則繞2次。

魚骨繡364
243
603
900
緞面繡①900
魚骨繡365
900
736
以輪廓繡736填滿
810
線：輪廓繡814
緞面繡440
腳：直線繡＋飛羽繡814
緞面繡365
飛羽繡365
輪廓繡2071
雛菊繡2071

244
捲線繡603（繞5次）
輪廓繡2072
緞面繡2072

以法國結粒繡501填滿
以法國結粒繡502填滿
245
魚骨繡316
364
輪廓繡2071
緞面繡①900
316
736
魚骨繡306
810
緞面繡736
雛菊繡2071
腳：★輪廓繡＋飛羽繡736

緞面繡801
緞面繡355
雛菊繡2072
246
緞面繡642
緞面繡2072
輪廓繡2072

輪廓繡2071
飛羽繡2071
魚骨繡2072
法國結粒繡2072
毛邊繡1900

248
輪廓：回針繡①801
365
★直線繡769
784
緞面繡①900
緞面繡602
輪廓繡737兩列
輪廓繡900
784
810
★輪廓繡814
440
腳：直線繡＋飛羽繡440
法國結粒繡502（繞3次）
輪廓繡2072

2072
249
莖・葉脈：輪廓繡2072
★雛菊繡2072
緞面繡502
緞面繡801
緞面繡192
雛菊繡2072
輪廓繡2072
250
緞面繡3052
輪廓繡2072

雛菊繡當中繡上直線繡801
緞面繡502
輪廓繡2071
247
輪廓繡2072

251
緞面繡①900
輪廓繡440
輪廓繡①1904
413
414
1904
以輪廓繡414填滿
810
輪廓繡737
輪廓繡737繡2列
腳：★飛羽繡440
緞面繡①1904

雛菊繡364
法國結粒繡502
雛菊繡當中繡上直線繡364
252
飛羽繡2070
輪廓繡2070
花瓣：在緞面繡①1900當中繡上★直線繡①1904

253
緞面繡①391
214
緞面繡2070
293
238
緞面繡440
魚骨繡2014
655
緞面繡2014
810
★直線繡2014
562
輪廓繡737
腳：★飛羽繡791
緞面繡2072
花瓣外側：131
花瓣內側：133

毛邊繡603
254
輪廓繡2071
魚骨繡2071
毛邊繡364

野鳥

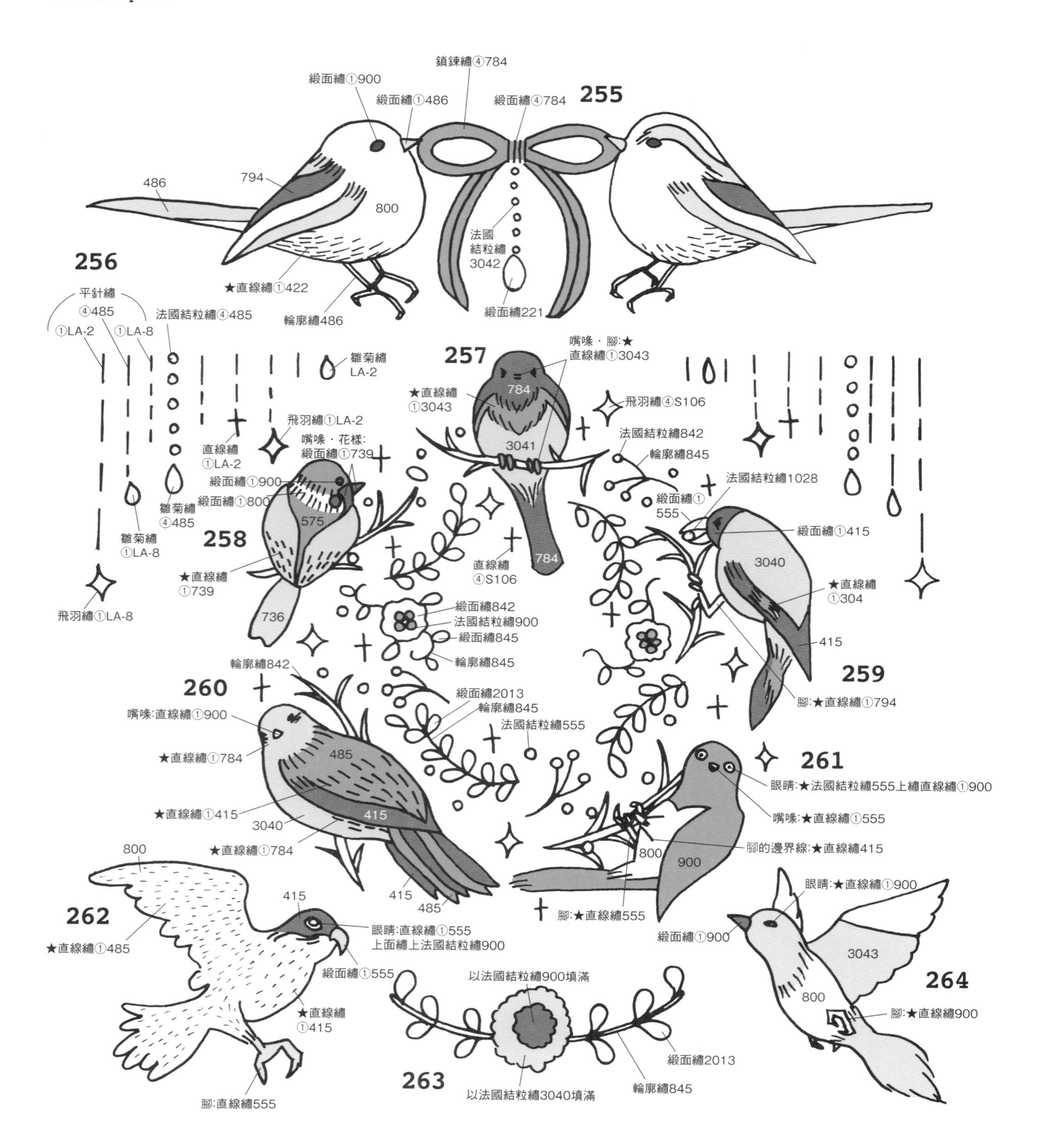

255

鎖鍊繡④784

緞面繡①900

緞面繡①486

緞面繡④784

794

486

800

256

法國結粒繡3042

緞面繡221

★直線繡①422

輪廓繡486

平針繡④485

法國結粒繡④485

①LA-2

①LA-8

雛菊繡 LA-2

直線繡①LA-2

飛羽繡①LA-2

嘴喙・花樣：緞面繡①739

緞面繡①900

緞面繡①800

575

雛菊繡④485

雛菊繡①LA-8

258

★直線繡①739

736

飛羽繡①LA-8

257

嘴喙・腳：★直線繡①3043

784

★直線繡①3043

3041

飛羽繡④S106

法國結粒繡842

輪廓繡845

法國結粒繡1028

緞面繡①555

緞面繡①415

3040

★直線繡①304

415

259

腳：★直線繡①794

直線繡④S106

784

緞面繡842

法國結粒繡900

緞面繡845

輪廓繡845

緞面繡2013

輪廓繡845

法國結粒繡555

輪廓繡842

260

嘴喙：直線繡①900

★直線繡①784

485

★直線繡①415

3040

★直線繡①784

415

485

415

261

眼睛：★法國結粒繡555上繡直線繡①900

嘴喙：★直線繡①555

腳的邊界線：★直線繡415

800

900

腳：★直線繡555

眼睛：★直線繡①900

緞面繡①900

3043

800

264

腳：★直線繡900

800

262

★直線繡①485

眼睛：直線繡①555上面繡上法國結粒繡900

緞面繡①555

★直線繡①415

腳：直線繡555

以法國結粒繡900填滿

緞面繡2013

輪廓繡845

263

以法國結粒繡3040填滿

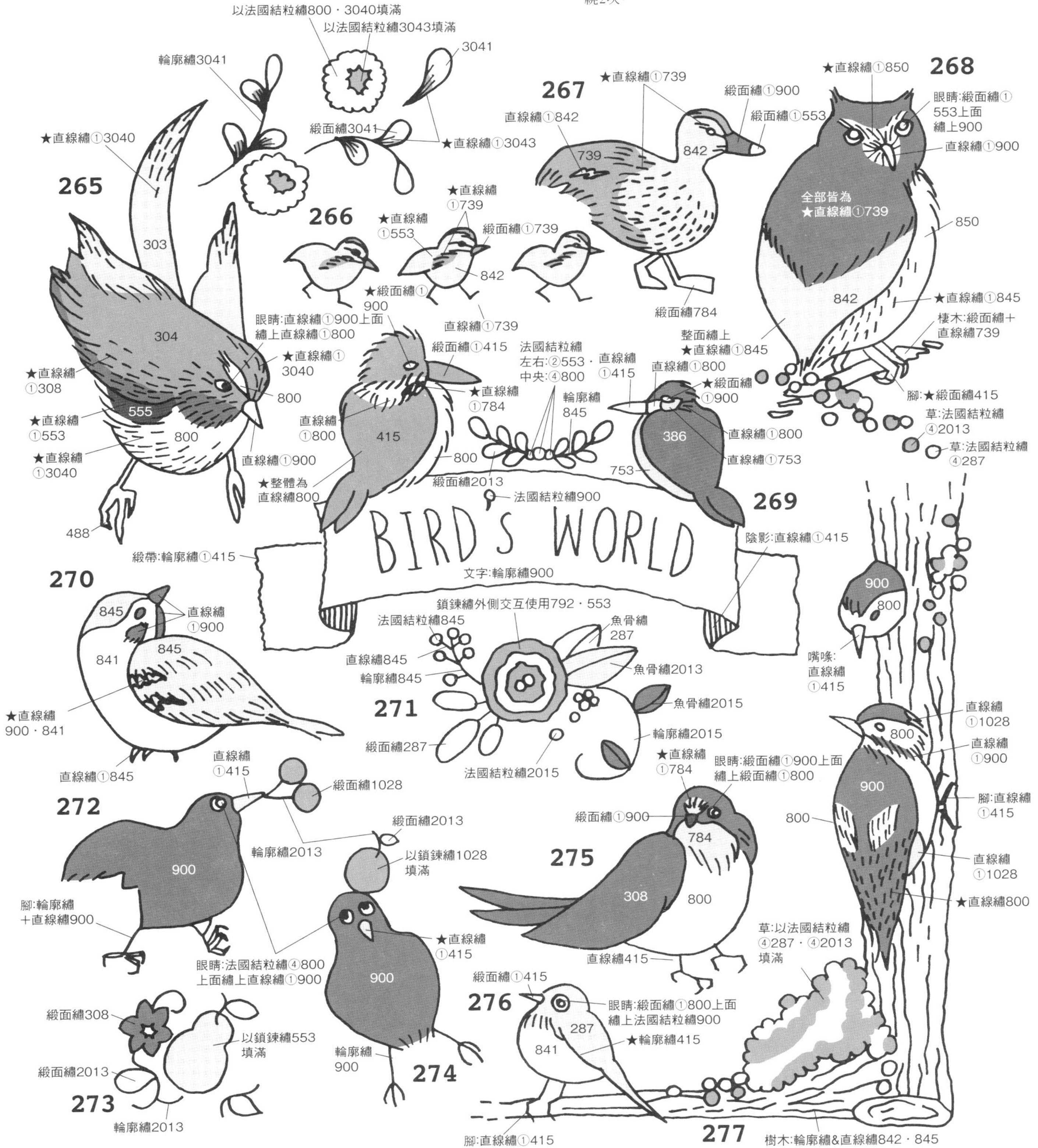

○內是線的股數。線若無指定，則使用兩股。數字為顏色編號。未指定針法，則進行平針繡（臉部等較細緻處使用單股線）。由上往下刺繡者會有★記號。未指定針法，眼睛都繡直線繡①900。法國結粒繡則繞2次。

265
輪廓繡3041
以法國結粒繡800‧3040填滿
以法國結粒繡3043填滿
3041
★直線繡①3040
緞面繡3041
★直線繡①3043
303
304
★直線繡①308
555
800
★直線繡①553
★直線繡①3040
800
直線繡①900
488

266
★直線繡①553
★直線繡①739
緞面繡①739
842
★緞面繡①900
眼睛：直線繡①900上面繡上直線繡①800
★直線繡①3040
直線繡①739
緞面繡①415
800
415
★直線繡①800
★整體為直線繡800

267
★直線繡①739
直線繡①842
緞面繡①900
緞面繡①553
739
842
緞面繡784

268
★直線繡①850
眼睛：緞面繡①553上面繡上900
直線繡①900
全部皆為★直線繡①739
850
842
★直線繡①845
棲木：緞面繡＋直線繡739
腳：★緞面繡415
草：法國結粒繡④2013
草：法國結粒繡④287

法國結粒繡左右：②553‧中央：④800
直線繡①415
輪廓繡845
★直線繡①784
直線繡①800
★緞面繡①900
386
直線繡①800
直線繡①753
753
緞面繡2013
法國結粒繡900

269
陰影：直線繡①415
900
800
嘴喙：直線繡①415

BIRD'S WORLD
緞帶：輪廓繡①415
文字：輪廓繡900
鎖鍊繡外側交互使用792‧553

270
845
直線繡①900
841
845
★直線繡900‧841
直線繡①845

271
法國結粒繡845
直線繡845
輪廓繡845
緞面繡287
法國結粒繡2015
魚骨繡287
魚骨繡2013
魚骨繡2015
輪廓繡2015

272
直線繡①415
緞面繡1028
輪廓繡2013
緞面繡2013
以鎖鍊繡1028填滿
900
腳：輪廓繡＋直線繡900
眼睛：法國結粒繡④800上面繡上直線繡①900

273
緞面繡308
緞面繡2013
以鎖鍊繡553填滿
輪廓繡2013

274
★直線繡①415
900
輪廓繡900

275
★直線繡①784
眼睛：緞面繡①900上面繡上緞面繡①800
緞面繡①900
784
308
800
直線繡415
草：以法國結粒繡④287‧④2013填滿

276
緞面繡①415
眼睛：緞面繡①800上面繡上法國結粒繡900
287
★輪廓繡415
841

277
腳：直線繡①415
樹木：輪廓繡＆直線繡842‧845

直線繡①1028
800
直線繡①900
900
腳：直線繡①415
800
直線繡①1028
★直線繡800

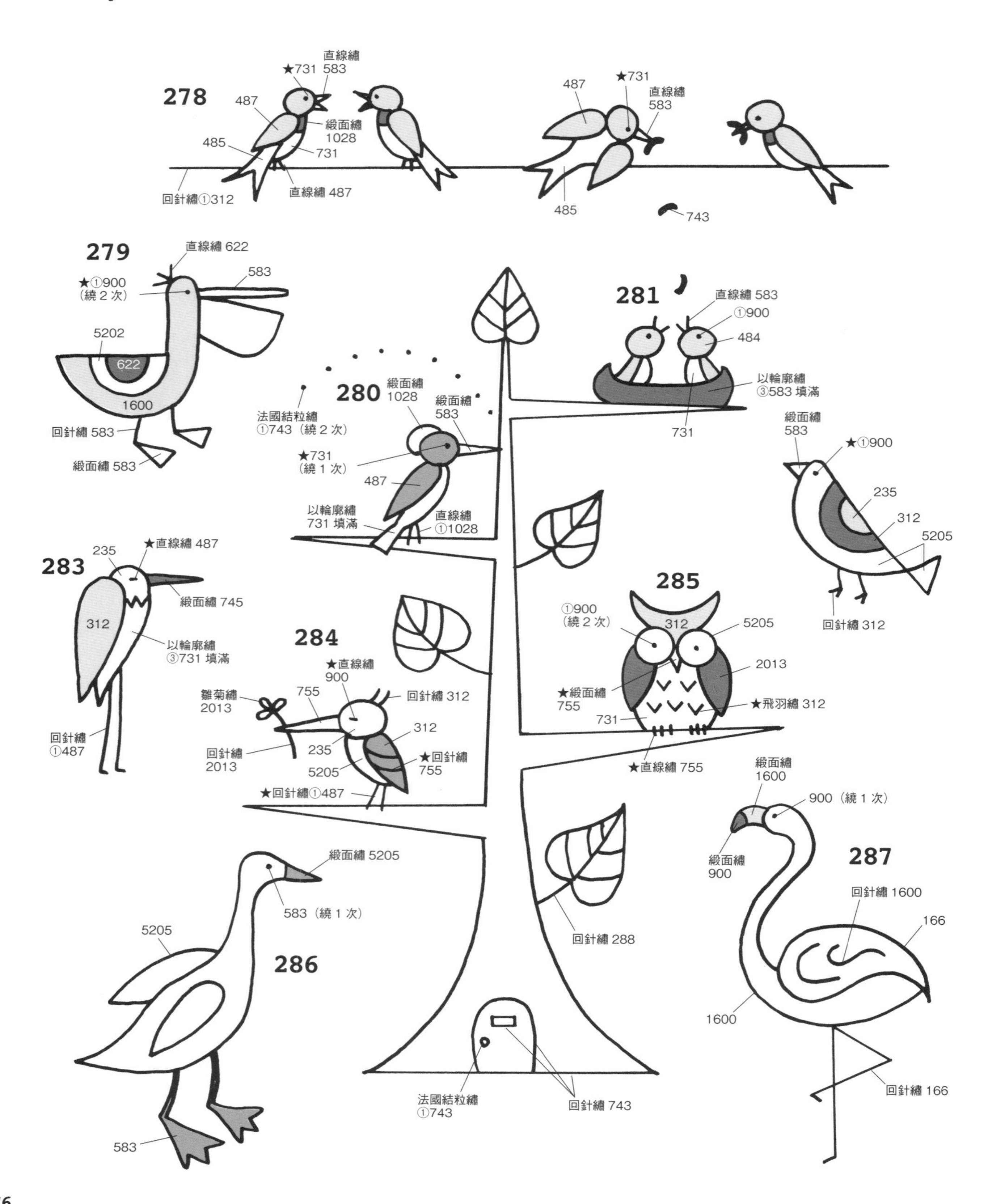

278 直線繡 ★731 583
487
485
回針繡①312 直線繡 487
緞面繡 1028
731

★731 直線繡 583
487
485
743

279 直線繡 622
★①900（繞2次）
583
5202
622
1600
回針繡 583
緞面繡 583

281 直線繡 583
①900
484
以輪廓繡③583 填滿
731

280 緞面繡 1028
緞面繡 583
法國結粒繡①743（繞2次）
★731（繞1次）
487
以輪廓繡 731 填滿
直線繡①1028

緞面繡 583
★①900
235
312
5205
回針繡 312

283 235
★直線繡 487
緞面繡 745
312
以輪廓繡③731 填滿
回針繡①487

284 ★直線繡 900
755
回針繡 312
312
雛菊繡 2013
回針繡 2013
235
5205
★回針繡 755
★回針繡①487

285 ①900（繞2次）
312
5205
2013
★緞面繡 755
731
★飛羽繡 312
★直線繡 755

287 緞面繡 1600
900（繞1次）
緞面繡 900
回針繡 1600
166
1600
回針繡 166

286 緞面繡 5205
583（繞1次）
5205
回針繡 288
583

法國結粒繡①743
回針繡 743

76

○內是線的股數。線若無指定，則使用兩股。數字為顏色編號。未指定針法，則進行鎖鍊繡。由上往下刺繡者會有★記號。法國結粒繡無指定者一概繞2次；眼睛無指定則進行法國結粒繡。

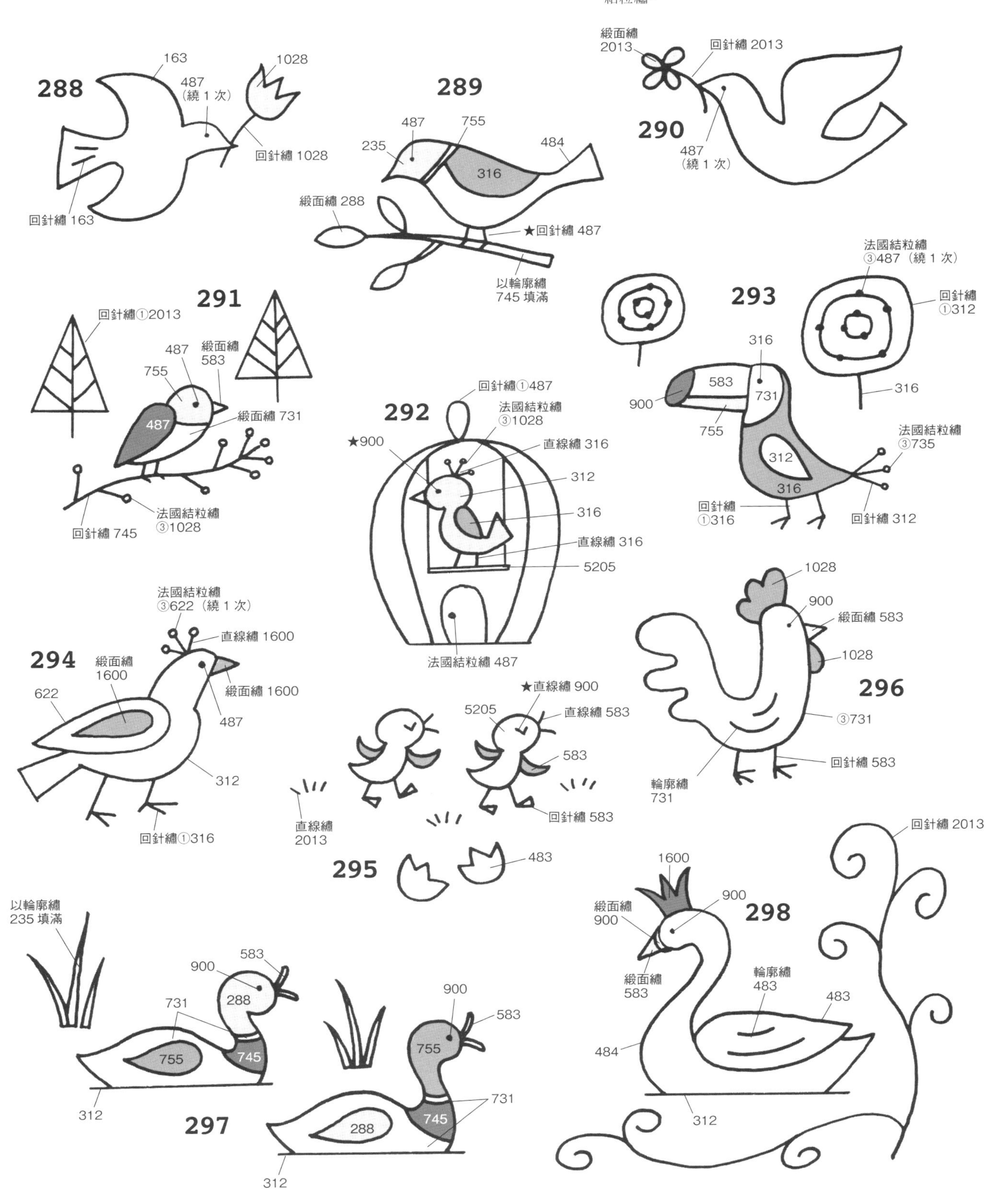

288
163
1028
487
（繞1次）
回針繡1028
回針繡163

289
487   755
235   484
316
緞面繡288
★回針繡487
以輪廓繡745填滿

緞面繡2013
回針繡2013
290
487
（繞1次）

291
回針繡①2013
487   緞面繡583
755
緞面繡731
487
法國結粒繡③1028
回針繡745

292
回針繡①487
法國結粒繡③1028
★900
直線繡316
312
316
直線繡316
5205
法國結粒繡487

293
法國結粒繡③487（繞1次）
回針繡①312
316
316
316
583
731
900
755
法國結粒繡③735
312
316
回針繡①316
回針繡312

294
法國結粒繡③622（繞1次）
直線繡1600
緞面繡1600
622
緞面繡1600
487
312
回針繡①316

★直線繡900
5205
直線繡583
583
直線繡2013
295
回針繡583
483

1028
900
緞面繡583
1028
296
③731
輪廓繡731
回針繡583

以輪廓繡235填滿
583
900
288
731
755   745
312
297
900
583
755
288   745
731
312

回針繡2013
1600
緞面繡900
900
298
緞面繡583
輪廓繡483
484   483
312

英文字母

Photo：p.38

○內是線的股數。數字為顏色編號。英文字母主線=輪廓繡②842繡2列。繡完英文字母之後再繡羽毛=單線直線繡、羽毛軸=輪廓繡①850。

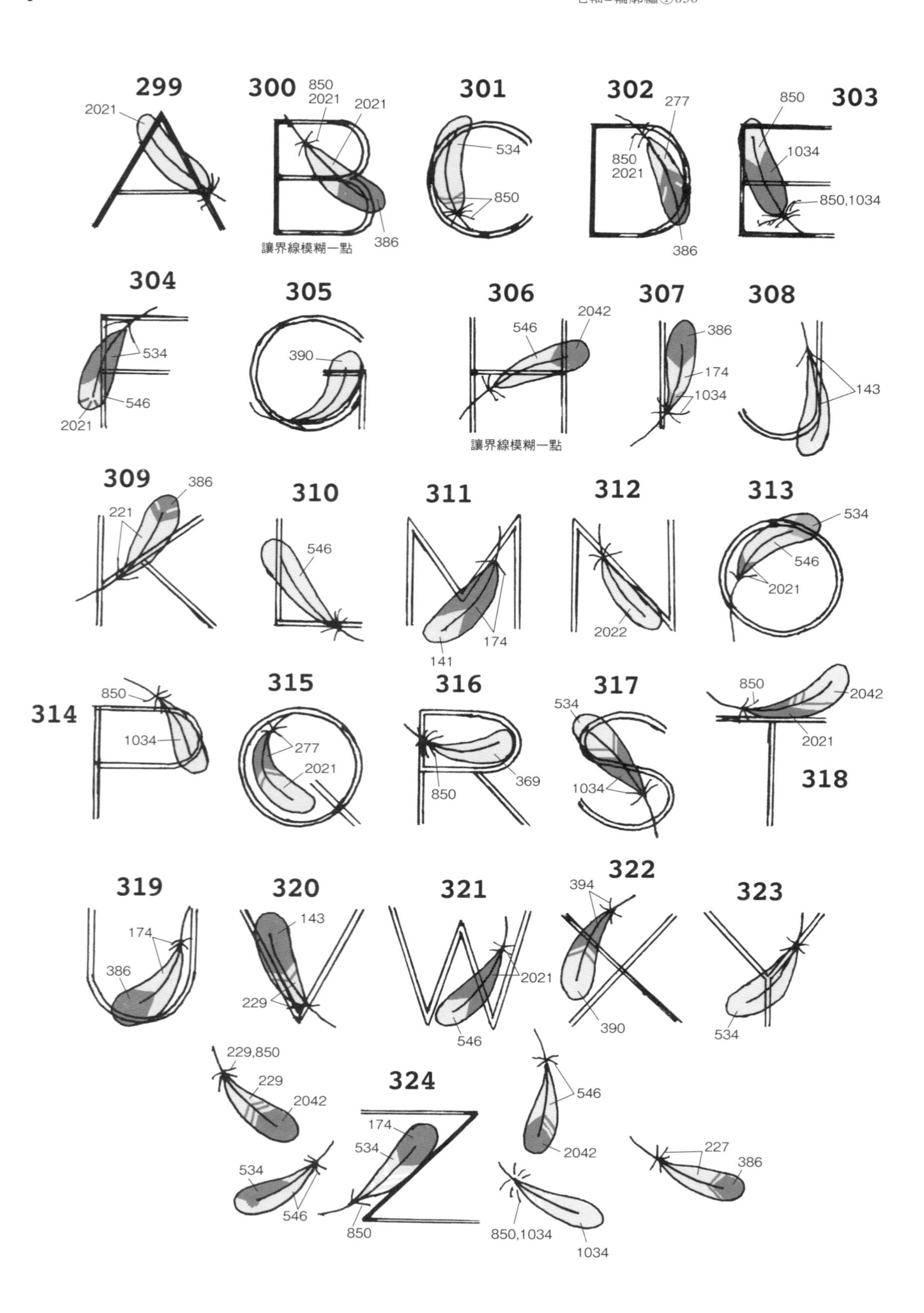

○內是線的股數。線若無指定,則使用兩股。數字為顏色編號。英文字母主線=鎖鍊繡813、嘴喙=583、圓眼睛=法國結粒繡①487(繞2次)、其他眼睛=直線繡487、腳=直線繡①487。

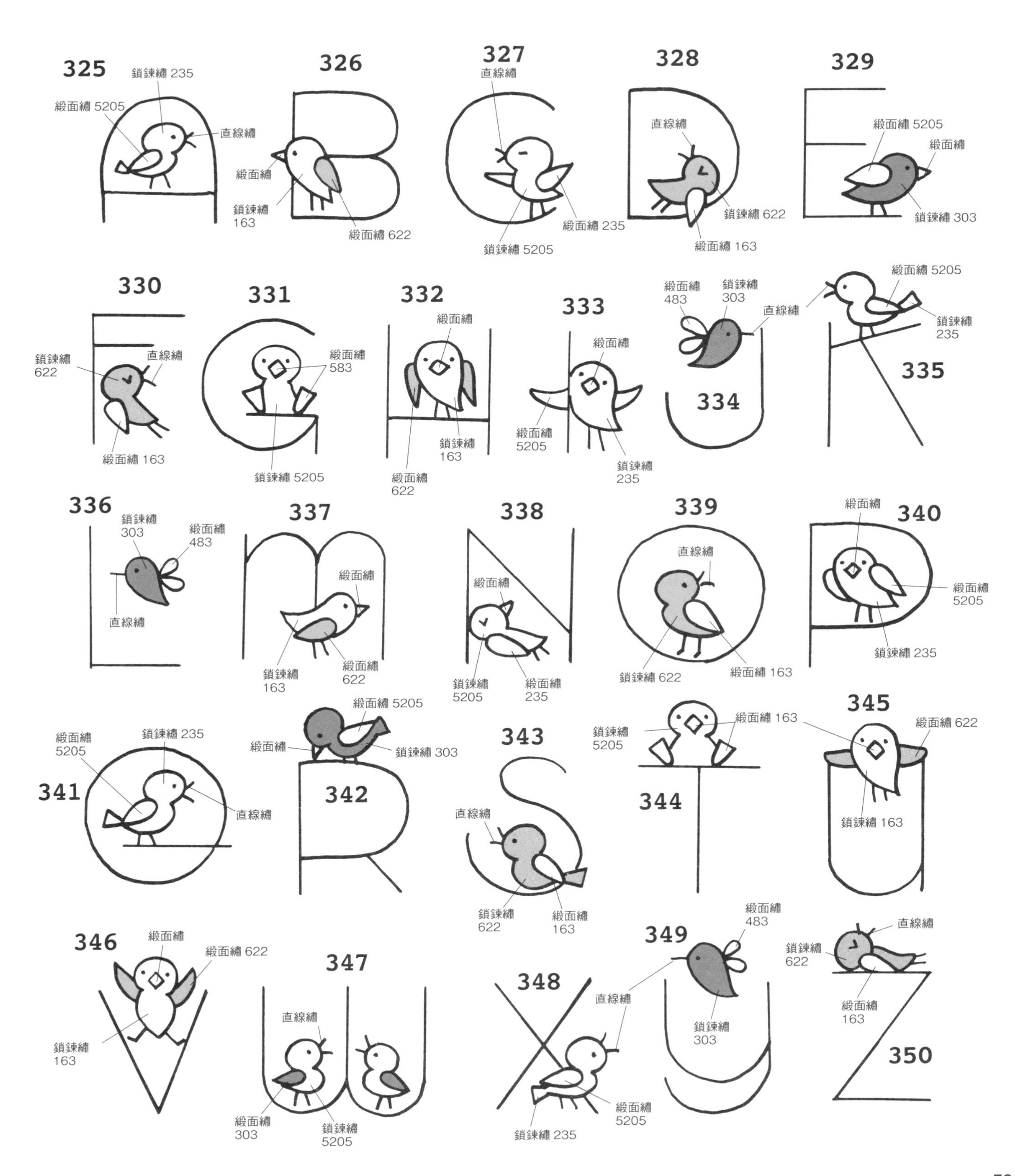

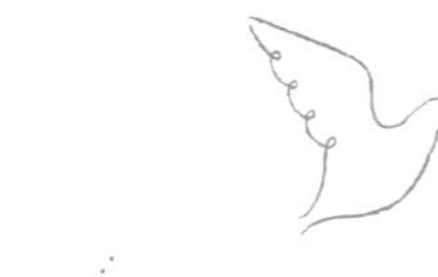

❤ 愛│刺│繡│22

超可愛的鳥兒刺繡圖案350選

編　　　　著／E&G CREATES
譯　　　　者／黃詩婷
發　行　人／詹慶和
執 行 編 輯／黃璟安
編　　　　輯／蔡毓玲・劉蕙寧・陳姿伶・陳昕儀
執 行 美 編／周盈汝
美 術 編 輯／陳麗娜・韓欣恬
出　版　者／雅書堂文化事業有限公司
發　行　者／雅書堂文化事業有限公司
郵政劃撥帳號／18225950
戶　　　　名／雅書堂文化事業有限公司
地　　　　址／220新北市板橋區板新路206號3樓
網　　　　址／www.elegantbooks.com.tw
電 子 信 箱／elegant.books@msa.hinet.net
電　　　　話／(02)8952-4078
傳　　　　真／(02)8952-4084

2020年4月初版一刷　定價420元

"HABATAKE!TORI SHISHU 350"
Copyright © E&G Creates Co.,Ltd.2017
All rights reserved.
Original Japanese edition published by E&G Creates Co.,Ltd.

This Traditional Chinese edition published by arrangement with
E&G Creates Co.,Ltd.,Tokyo in care of Tuttle-Mori Agency, Inc.,
Tokyo through Keio Cultural Enterprise Co., Ltd.,New Taipei City.

經銷／易可數位行銷股份有限公司
地址／新北市新店區寶橋路235巷6弄3號5樓
電話／(02)8911-0825
傳真／(02)8911-0801

＊本書刺繡作品皆使用Olympus的繡線（25號）與手工藝品用金線、shining reflector、
圖案頁的布料為Olympus的刺繡布料（エミークロス的off white、beige、blue色）。
http://www.olympus-thread.com
＊由於本書為印刷產品，因此布料及絲線之色調與其標示之編號，可能會有些許差異。

國家圖書館出版品預行編目資料

超可愛的鳥兒刺繡圖案350選 ／ E&G
CREATES 編著；黃詩婷譯. – 初版. – 新北市：
雅書堂文化, 2020.04
　面；　公分. – (愛刺繡；22)
ISBN 978-986-302-537-5(平裝)

1.刺繡 2.手工藝 3.圖案

426.2　　　　　　　　　　109004141

原書製作團隊

書籍設計／星野愛弓（mill design studio）
攝影／大島明子（作品）・本間伸彦（工具、流程）
造型／平尾知子
作品設計／川上成子・kanaecco・ siesta（SAITO
HUMIKO）・Chicchi（松本千慧、美慧）・Choucho
Musubi・Nitka・春茼蒿（komuringo）・pocorute
pocochiru・堀內SAYURI・ martinachakko（薗部裕
子）・森本繭香・渡部友子・wabuwabu
製作方法解說／木村一代・小堺久美子
企劃、編輯／E&G creates（藪 明子・神谷真由佳）

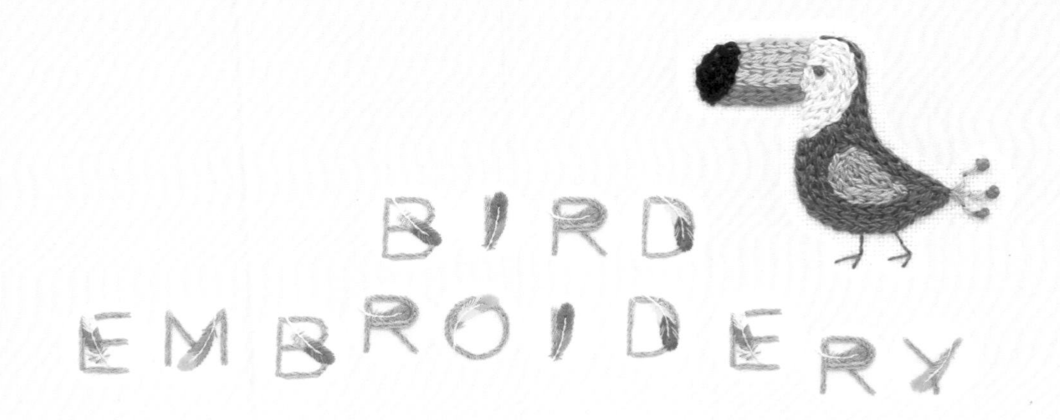

BIRD EMBROIDERY

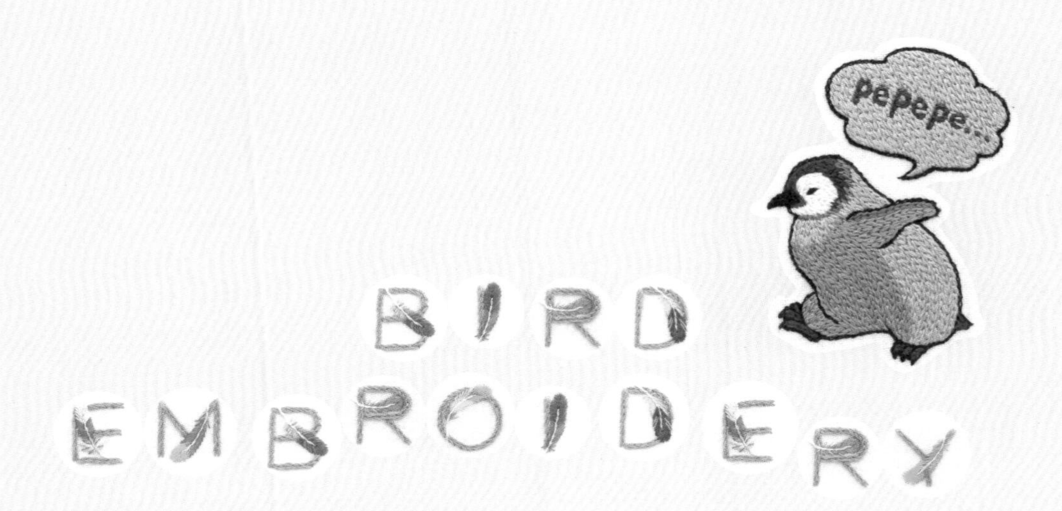

BIRD
EMBROIDERY

BIRD
EMBROIDERY